数码摄影后期
零基础入门与提高

郑志强　编著

人 民 邮 电 出 版 社
北　京

图书在版编目（CIP）数据

数码摄影后期零基础入门与提高 / 郑志强编著. -- 北京 : 人民邮电出版社, 2023.5
ISBN 978-7-115-60940-3

Ⅰ. ①数… Ⅱ. ①郑… Ⅲ. ①图像处理软件 Ⅳ. ①TP391.413

中国国家版本馆CIP数据核字(2023)第013810号

内 容 提 要

本书是摄影零基础入门与提高系列的后期篇。除了精湛的前期拍摄技法，数码后期修图对于照片品质的提升也是至关重要的。本书由浅入深地详细介绍了摄影后期专业知识、后期调整照片的正确流程、二次构图的实用技巧、如何去除照片中的杂物、如何控制好曝光、如何准确控制白平衡、锐化与清晰度调整、校正畸变、作品导出、照片影调的控制技巧、照片色彩的优化技巧等。只要按照书中的方法勤加练习，不断积累经验，相信在不久的将来，你也会成为摄影后期修图高手。

本书内容系统全面，配图精美，文字通俗易懂，将摄影后期的思路与原理融入具体案例中，是一本不可多得的摄影后期基础教程，适合摄影后期爱好者及刚接触后期修图的新手参考阅读。

◆ 编　　著　郑志强
　责任编辑　张　贞
　责任印制　陈　犇

◆ 人民邮电出版社出版发行　　北京市丰台区成寿寺路 11 号
　邮编　100164　　电子邮件　315@ptpress.com.cn
　网址　https://www.ptpress.com.cn
　雅迪云印（天津）科技有限公司印刷

◆ 开本：700×1000　1/16
　印张：11　　　　2023 年 5 月第 1 版
　字数：210 千字　　　　2023 年 5 月天津第 1 次印刷

定价：69.80 元

读者服务热线：(010)81055296　印装质量热线：(010)81055316
反盗版热线：(010)81055315
广告经营许可证：京东市监广登字 20170147 号

前言

有很多人问过编者，后期处理过的摄影作品，还算不算摄影？其实，在这个“无后期不摄影”的数码时代，你完全不必纠结是否进行后期处理的问题。一些摄影爱好者对此会有些成见。然而，后期与前期有着千丝万缕的联系，没有好与不好之分。很多时候你在拍摄时会受到各种因素的影响，比如光线不好、角度不佳、有干扰等，太多不确定的因素会导致照片拍出来不够完美，就需要适当地使用一些后期处理技巧来弥补画面的缺陷。

另外，我们可以在后期处理的帮助下更好地指导前期拍摄，给摄影创作留下更大的空间。所以，请读者朋友们放下成见，带着前瞻的眼光来学习后期处理，通过本书由浅入深地学习后期处理技巧，提升自己的摄影水平，以此实现自己的创意，令自己的作品得到更大的共鸣。

目录

第 1 章　摄影后期综述

第 2 章　调整照片的正确流程

第 3 章　二次构图技巧

目录

第 4 章　去除照片中的杂物

第 5 章　后期如何控制好曝光

第 6 章　后期如何准确控制白平衡

第 7 章　锐化与清晰度

目录

第8章 畸变的校正

第9章 将作品导出

目录

第 10 章　影调

第 11 章　摄影后期中的色彩问题

第 1 章 摄影后期综述

本章主要给大家普及一些数码照片后期处理的基础知识，包括各种照片格式的用法、不同颜色模式的选择，以及将照片导入计算机的方法。了解这些基础知识将有助于我们更好地学习后期。

1.1 摄影后期专业知识扫盲

在正式介绍摄影后期之前，需要向大家介绍一些基础知识。这些知识能够帮助您扫除专业上的基础障碍，了解它们以后才算真正进入后期处理的门槛。

照片格式详解

在存储照片文件的时候，经常会看到各种各样的格式，初学者容易“看花眼”，那么应如何辨别呢？下面我们就对摄影后期中常见的几种照片格式做简单的讲解。

原片格式：不同的相机有不同的原片格式，如DNG、NEF、CR2等。如果您使用的是原片，在Camera Raw中就可完成照片的修饰工作，若无须进入Photoshop中继续加工，就不需要存储为PSD格式，在调整后您只需单击“完成”即可。有的原片格式（如CR2）存储后，会在文件夹内自动多出来一个同名的XMP文件，千万不要删除它，它记录了在Camera Raw中修改的内容。如果删除XMP文件，那么之前在Camera Raw中的调整就消失了。

DSC_0809.NEF

DSC_0809.xmp

PSD格式：即Photoshop格式，这个格式是所有进入Photoshop中编辑过的照片都要存储的格式。PSD格式保留了在Photoshop中编辑的图层、滤镜、调整图层等信息。保存以后再次打开PSD格式的文件，之前编辑的图层、滤镜、调整图层等信息仍存在，可以继续修改或者编辑。

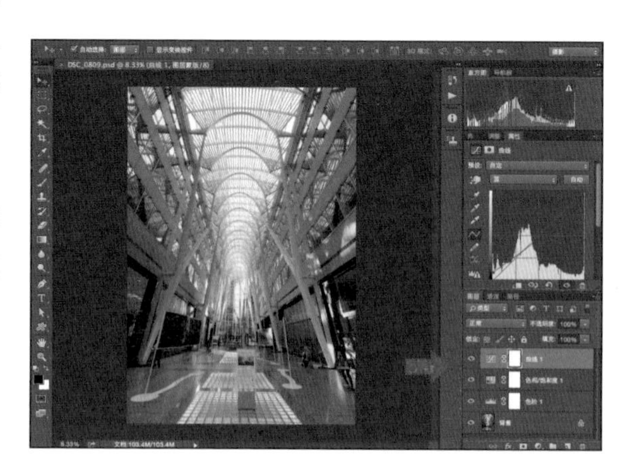

TIFF格式：所有专业的照片输出，比如印刷、作品集等都应该采用TIFF格式。存储为TIFF格式后虽然文件容量变得很大，但这是最完整地保存图片信息的一种格式。为了质量，牺牲点硬盘空间吧！

JPEG格式：最常用的压缩格式，人们在手机、计算机屏幕上观看的照片往往不需要极高质量的显示，而较小的存储空间和相对高质量的画质就是我们追求的目标。因此选择JPEG格式作为最常用的一种压缩格式，它既能满足在屏幕上观看照片的质量需求，又可以大幅缩小照片占用的存储空间。

颜色模式与颜色配置文件

颜色模式与颜色配置文件是我们平时不常接触的概念，很多朋友接触摄影多年都很少涉及这个部分。其实，在设置相应颜色选项的时候是有一些讲究的，下面就向大家详细介绍。

颜色模式：在颜色模式的选项中需要注意的是，有RGB、CMYK、Lab这3种颜色模式。有一种说法：凡是印刷都选择CMYK模式，凡是显示器观看就选择RGB模式。这样的说法其实有一定的误导性，特别是对于初学者。在这里我们的建议是，调修图像的时候使用RGB模式，如果有印刷需求最后调整为CMYK模式检验。因为凡是CMYK模式的设置都应与工作设备有关，基于油墨和纸张的组合设置，这是后期印刷厂的主要工作而不是摄影爱好者要关心的。特别是很多后期的操作，对于CMYK模式和RGB模式是不一样的，所以建议大家先使用好RGB模式。Lab模式是基于人眼对颜色的感觉设置的模型，它不受限于设备，因此色彩范围要大于RGB或CMYK的，所以有人会将部分后期处理转换到Lab模式进行操作。

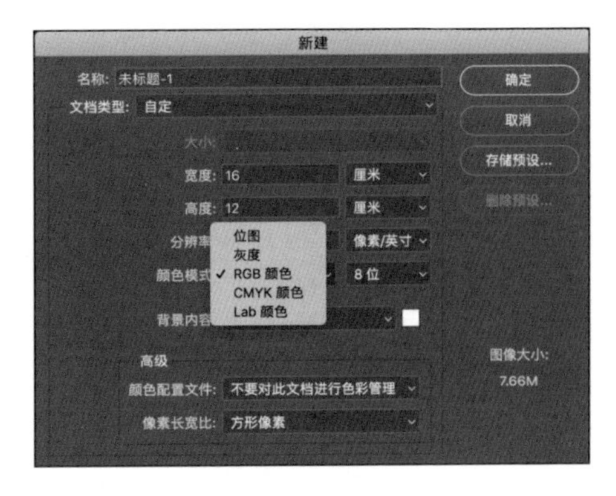

颜色模式的位深度：在Photoshop中经常会看到8位、16位、32位这样的字眼，这表示颜色深度，用通俗的话来说就是颜色的丰富程度。不难理解位

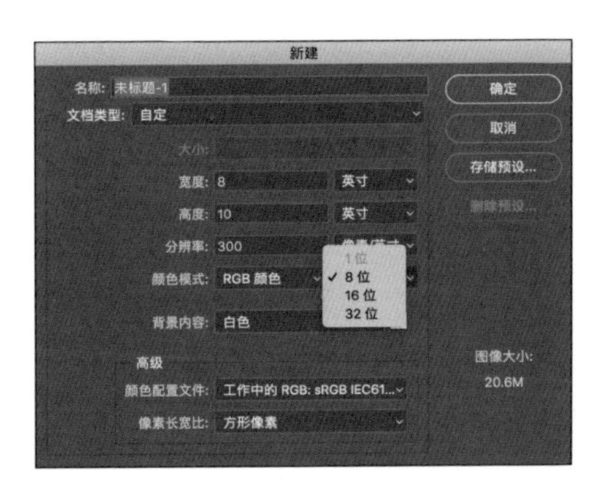

数越高，颜色就越多，但为什么绝大多数情况都是 8 位呢？这是因为它运算快，能适用于所有的滤镜和特效，只要不是很挑剔，基本能满足我们日常的使用需求。如果有需要可以将颜色调整为 16 位，但需要这样做的情况较少，调整后运算会变慢，颜色的丰富程度会呈几何级数增长，这样丰富的效果是在少数要求极高的印刷品中才需要的。32 位颜色深度在摄影后期中几乎不用。

颜色配置文件：下拉菜单中需要记住的是 sRGB 和 Adobe RGB。在只为网站准备图像时，建议使用 sRGB。在处理专业数码相机的图像或者准备打印文档时，建议使用 Adobe RGB。

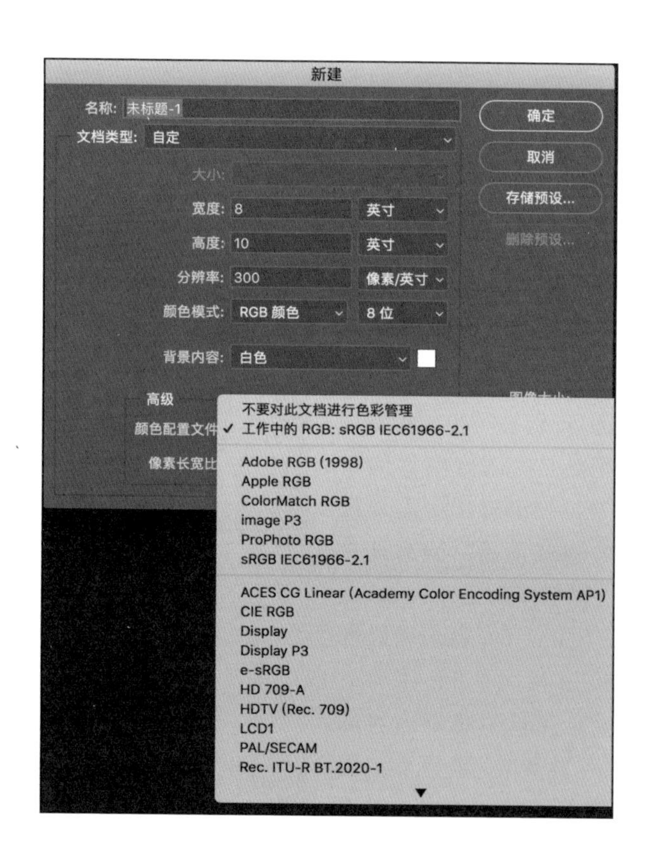

1.2 将照片导入计算机

本节主要介绍如何从相机和存储卡中将照片导入计算机。

将照片导入计算机有以下两种方法：（1）从存储卡导入计算机；（2）通过数据线将相机直接连接计算机并导入。

这两种方法各有利弊，存储卡导入的方法方便、快捷，随身携带“万能读卡器”即可；不足之处是需要找到一款功能相对强大的、适配性好的、稳定的读卡器。劣质的读卡器不仅有时会无法读取数据，而且容易毁坏存储卡中的数据。使用数据线直接导入计算机的好处是保证能够适配各种计算机读取数据；不足之处是需要随身携带相机以及数据线。

从存储卡导入计算机

［步骤1］

首先选择一款万能读卡器，连接存储卡到读卡器上，接下来把读卡器连接到计算机上。（有的计算机有专用的SD卡的插卡槽，直接连接即可。但如果相机的存储卡不是SD卡，则一般需要读卡器的帮助。）

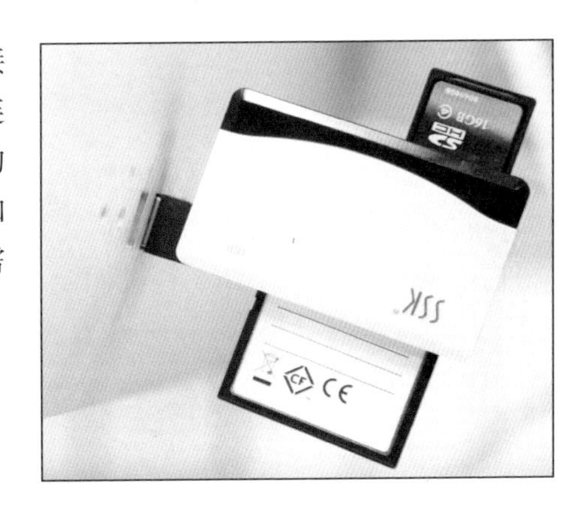

［步骤2］

连接到计算机后，计算机会自动读取数据，此时系统中会出现一个新增加的可移动磁盘，双击进入下一层级，打开“DCIM”文件夹。

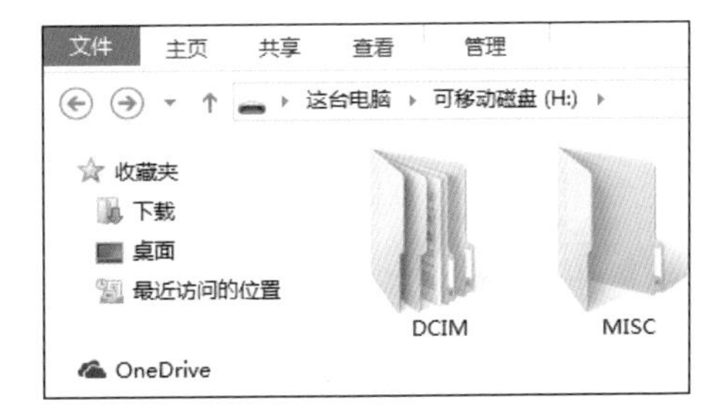

［步骤3］

继续双击，打开“100CANON”文件夹（此时不同的相机会显示不同的文件夹），最终我们会看到拍摄的照片在文件夹内。

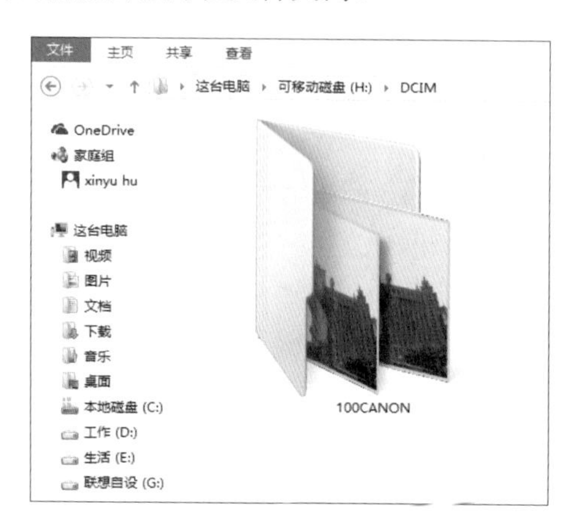

［步骤4］

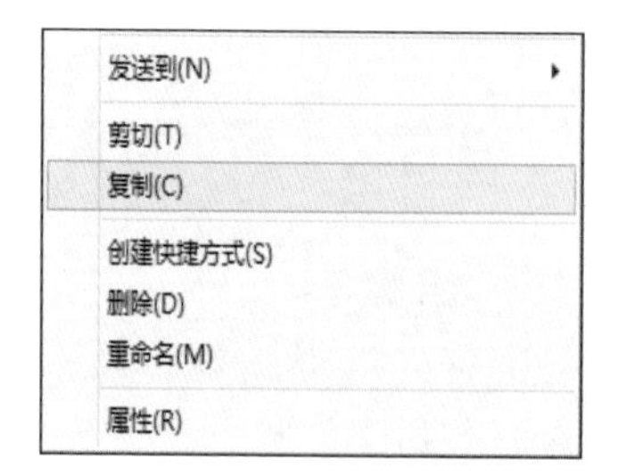

下面我们就要把这个文件内的所有照片“搬运”到计算机里。在文件夹内按 Ctrl+A 组合键（苹果计算机用户选择 Command+A 组合键）选中所有照片，然后单击鼠标右键，在弹出的快捷菜单中选择“复制”。

［步骤5］

在自己的计算机硬盘中单独新建一个文件夹并且重命名，进入新建的文件夹内，单击鼠标右键并在弹出的快捷菜单中选择“粘贴”。此时可以看到，大量的文件开始逐步传送到自己的计算机中。

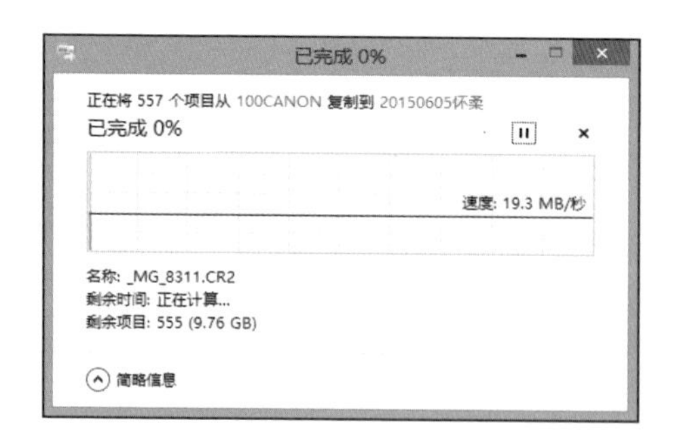

［步骤6］

以上过程中要注意两点。首先，计算机用户要把文件复制到 C 盘以外的硬盘中，因为 C 盘是系统盘，不建议存放过多内容。把拍摄的照片直接复制到桌面上是最不可取的一种方法，这样虽然方便，但会给计算机带来过大的负担。其次，存入计算机的文件夹一定要重命名，不能是“新建文件夹”这样草率的名字，要有明确的时间和地点，以方便日后查询。

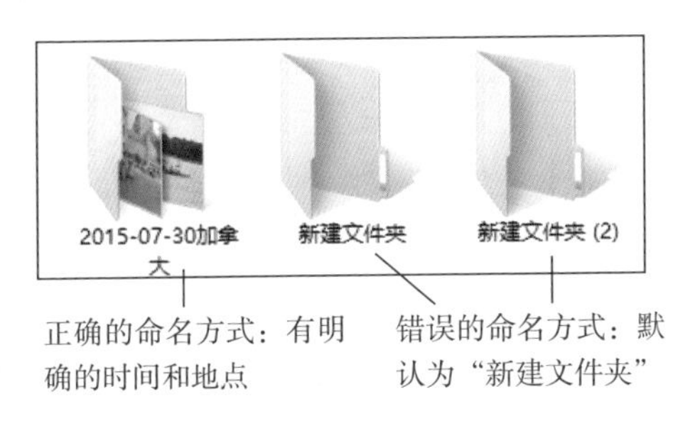

从相机直接导入计算机

［步骤1］

从相机直接导入计算机是另一种常见的导入方式，前提是需要有数据线。将数据线与相机、计算机的USB接口分别连接起来，如右图所示。

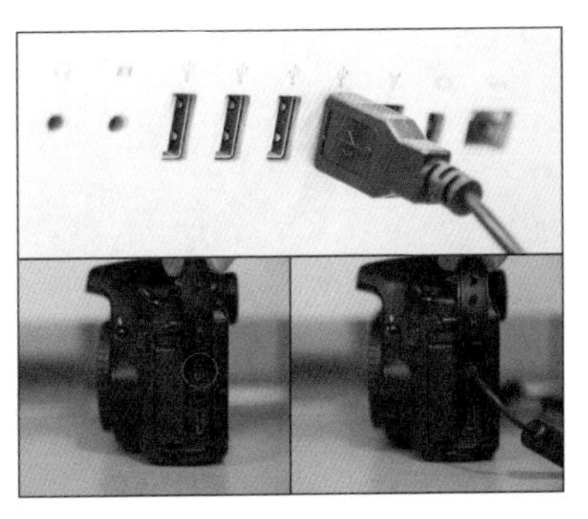

［步骤2］

打开相机的开关。

此时计算机会弹出“自动播放”窗口。

［步骤4］

单击“打开设备以查看文件”，进入计算机的文件夹，此时系统中会出现一个新增加的可移动磁盘，双击进入下一层级，再双击“DCIM”等逐级打开文件夹，就可以看到拍摄的照片了。

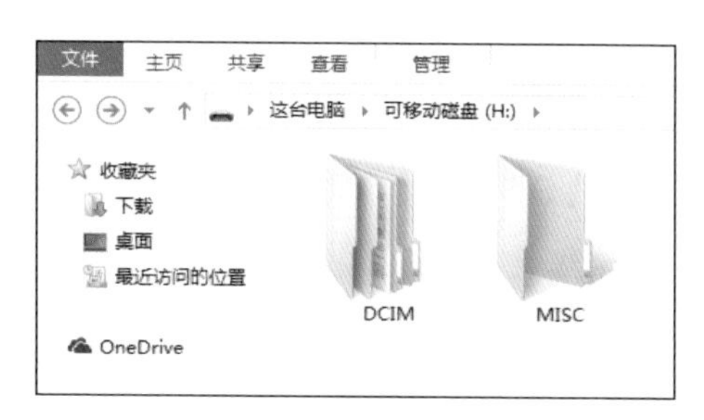

接下来就可以把需要的照片复制到计算机中了。与从存储卡复制照片的方法一致，同样需要注意的是需对文件夹进行重命名，以方便对文件进行管理。

第 2 章
调整照片的正确流程

很多时候我们发现，拍摄的照片如何做后期都是由自己摸索的。其实这里面有一套完整的后期流程。如果你不熟悉，就会出现很多不必要的麻烦，比如，是先对照片裁切还是调色？是先调整清晰度还是去污点？这些步骤如果不明确，将会给你的后期工作带来很多不便。本章将给大家提供一条完整的思路，来帮助大家制定适合自己的后期流程，这样大家在实际处理照片时就会胸有成竹了。

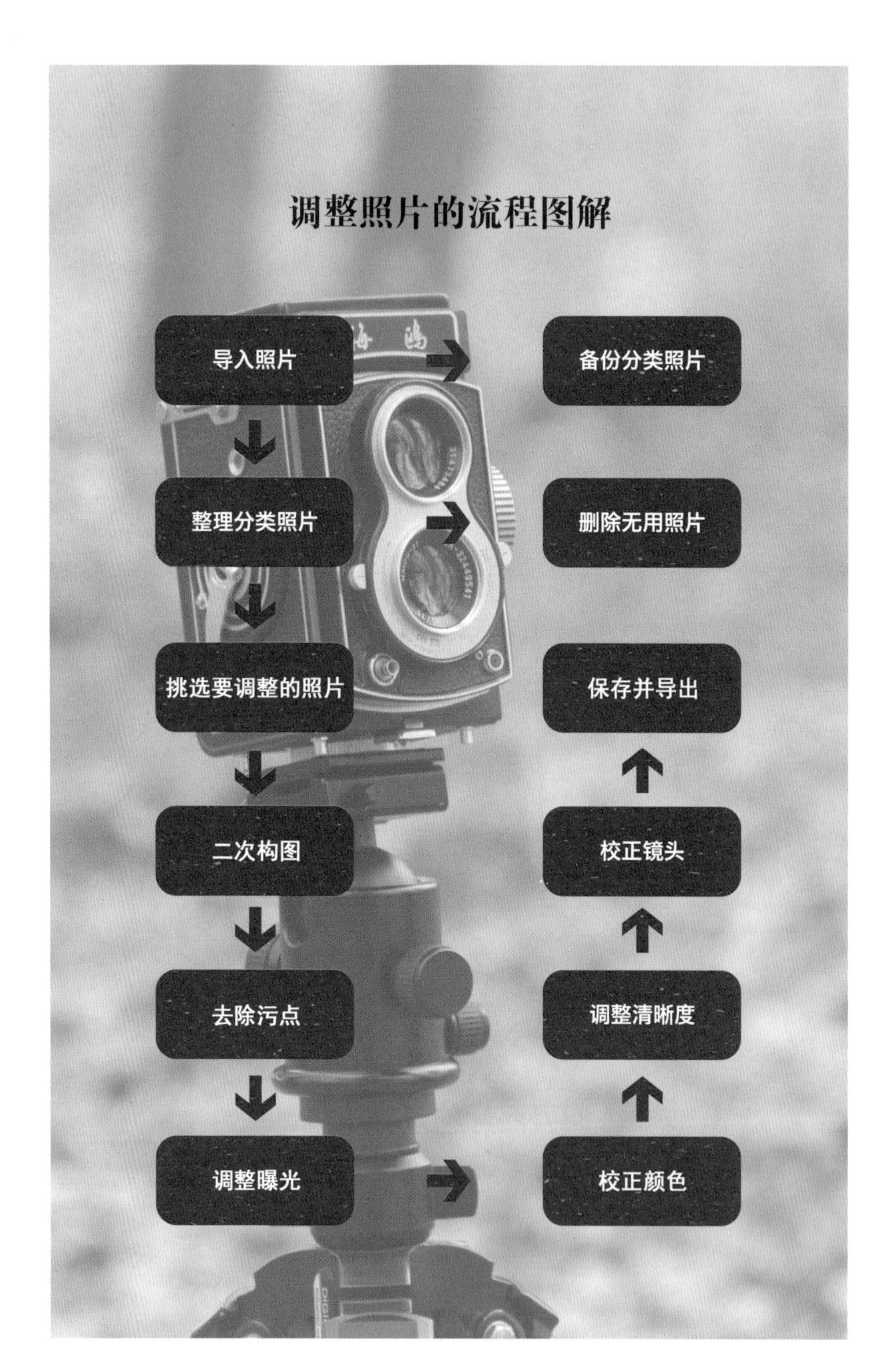
调整照片的流程图解
导入照片
备份分类照片
整理分类照片
删除无用照片
挑选要调整的照片
二次构图
去除污点
调整曝光
校正颜色
调整清晰度
校正镜头
保存并导出

2.1 挑选要调整的照片（以 RAW 文件调整为准）

拍摄回来后，将大量的照片挑选分类并进行基本的调整是一件非常重要的事。全流程管理照片，不仅需要前期做好准备工作，还要在每一次拍摄后及时地按时间和事件等方式来归类照片、命名文件夹。下图所示的界面就是导入照片后按时间分类好的多个文件夹。

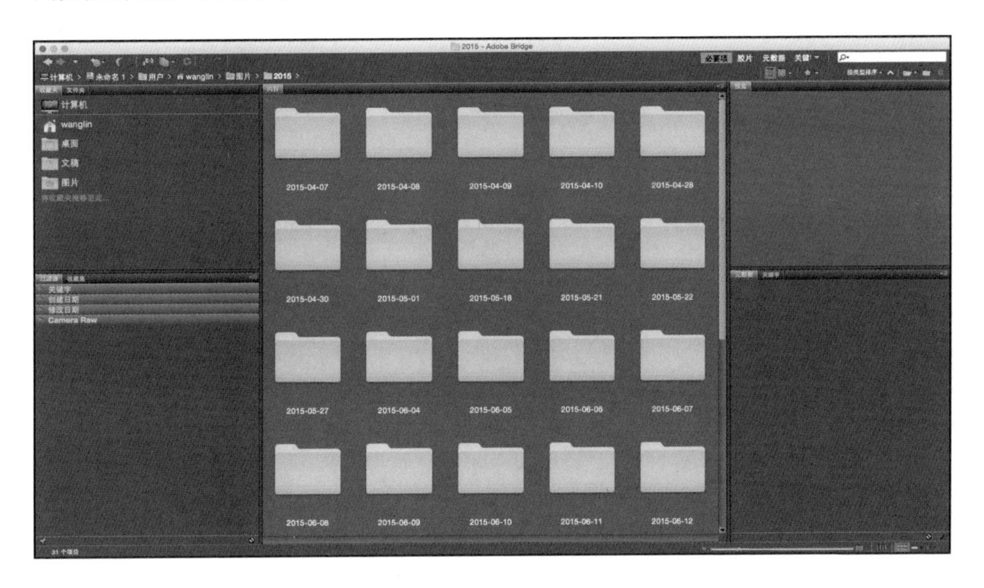

这里用到的是 Adobe Bridge 软件。当我们把拍摄好的照片都导入固定的文件夹后，它会以日期的形式来管理照片，看起来非常清楚，但是建议最好把这种命名方式改为日期和事件的方式，这样便于后期快速查找。这里以一个文件夹为例来整理照片。选择要进行重命名的文件夹，单击鼠标右键并在弹出的快捷菜单中选择“重命名”，然后输入名称即可（如命名为“2015-06-30- 成都行”）。

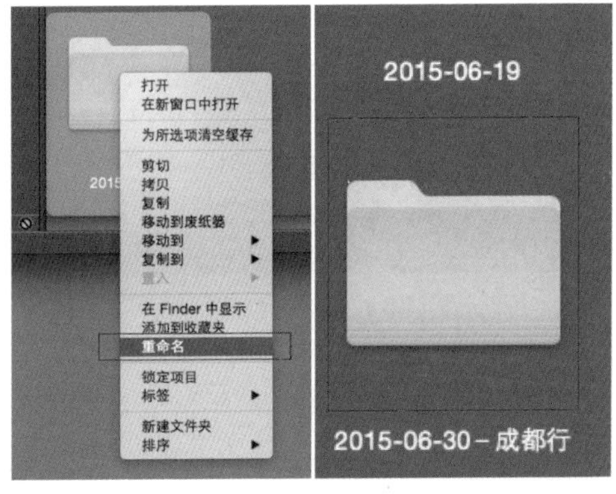

重命名看起来非常简单，但其实很有学问，以“日期＋名称”的方式命名是比较实用的。每次拍摄回来后第一件事就是整理和挑选照片，一般建议大家在拍摄回来后一周之内开始整理，如果超过一周很可能会忘记拍摄时的细节，也就可能永远不会再整理了。养成好的照片整理习惯会给你的摄影带来很大的帮助，善于整理更是一种能力，所以我也希望读者朋友们能养成好的习惯。如果你平时拍摄的照片比较多，建议单独准备一个移动硬盘，这样将每次拍摄的照片都存储在一个硬盘中比较方便。另外，一定要记得备份，我一般都会在自己的计算机上存储，并另外在云盘上备份，这样也方便外出时随时查找照片。

曝光过度　　正常　　曝光不足

如何挑选照片呢？一般有如下几点作为挑选照片的参考。

（1）曝光基本准确，没有明显的曝光过度或曝光不足。

（2）构图完整，没有取景不全。

（3）对焦清晰、主题明确。

构图不完整　　对焦不准确　　主题不明确

曝光的准确与否直接关系到后期能否调修出高质量的“大片”。曝光不足时很多细节不能被记录，曝光过度同样会损失很多细节，会导致最终效果大打折扣。

其次，构图不完整也是摄影的大忌，很多时候因为构图不完整，照片看上去非常奇怪。在如今像素如此高的情况下，其实只要前期拍摄时取景完整，后期可以从照片中裁切出想要的部分。对焦失误其实是摄影初学者常犯的错误，一般都是因为太过依赖自动对焦，光线不好就很容易对焦不准确。还有一点就是主题不明确，会导致让人不知道照片要表达什么。

2.2 对照片进行全局评估

如何对照片进行全局评估呢？主要从主题、吸引点和简洁这 3 点来做全局评估。

好照片要有主题。主题是照片的核心，每一张照片都应该有一个明确的主题，无论是风光、人像，还是纪实，主题明确才不会产生歧义。

好照片要有一个能吸引注意力的主体。画面中是否有精彩的、吸引人的点，这很重要。

好照片画面要简洁。除了要表现的内容外，其他都应该被省略或者说被弱化，其中包括背景的虚化、颜色上的对比等。

全局评估照片其实就是查看照片是否具备后期的必要条件，主要是从画面主体拍摄的大小、能否进行二次

裁切构图，画面中是否存在一些无法修复的硬伤，曝光度的调整幅度，颜色是否准确，清晰程度和透视变形的调整难度等方面来判断。

一般来说，当你浏览照片时，基本上会有一种非常直观的感受，也就是“画面感”。首先你要检查整个画面要表达的主题是否明确；其次可以看一看基本的拍摄参数；最后把照片显示在 1∶1 模式下观看，检查清晰度是否达到要求。通常在原片格式下，你看到的照片会比较“灰”，这是因为照片中有丰富的细节，是比较理想的照片。拍摄时可能会用到不同格式对照片进行存储，以不同的格式存储的照片文件大小完全不同。一般建议使用相机的原片格式进行拍摄，这样后期将会有更大的调修空间。

当挑选出符合后期处理要求的照片后，我们就可以开始真正意义上的后期创作了。这一步虽然比较烦琐，但如果在拍摄时就先想好再按快门按钮，做到心中有数，就会给后期挑片省很多事。另外，拍完后及时在相机屏幕上回放、放大并观看画面细节，把明显有瑕疵的照片删除，这样也可以更好地提升效率。

2.3 二次构图

说起摄影中的构图，是有很多学问的，但很多初学者都不太注意构图，其实好的构图是非常重要的。好的构图可能会让照片加分不少，很多时候都是因为构图不好而使照片效果大打折扣。一般拿到照片后，摄影师都会做裁剪和拉直等二次构图的操作。

利用裁剪工具来进行二次构图

将原始照片导入 Photoshop 中，选择裁剪工具进行裁切，主要去掉多余的、影响画面的部分，比如将有明显污点和缺陷的部分直接裁切掉。

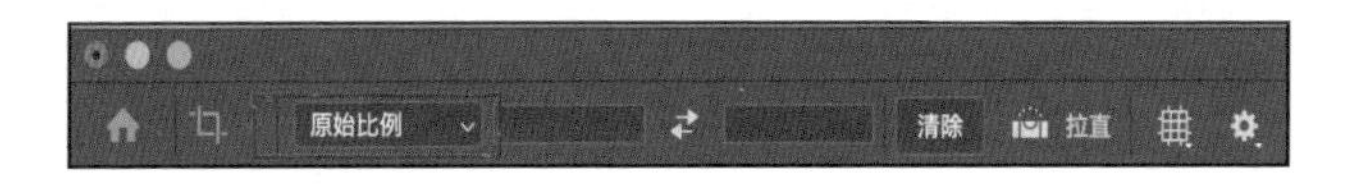

单击裁剪工具栏“比例”选项打开下拉菜单，会看见原始比例、1∶1、4∶5、5∶7、2∶3、16∶9 等选项，可以根据实际情况来设置。一般用鼠标直接在画面上拖动一个区域时，周边会出现控制点，可通过控制点的精确调节来完善构图，裁切完毕后按 Enter 键确定裁切的最终效果。

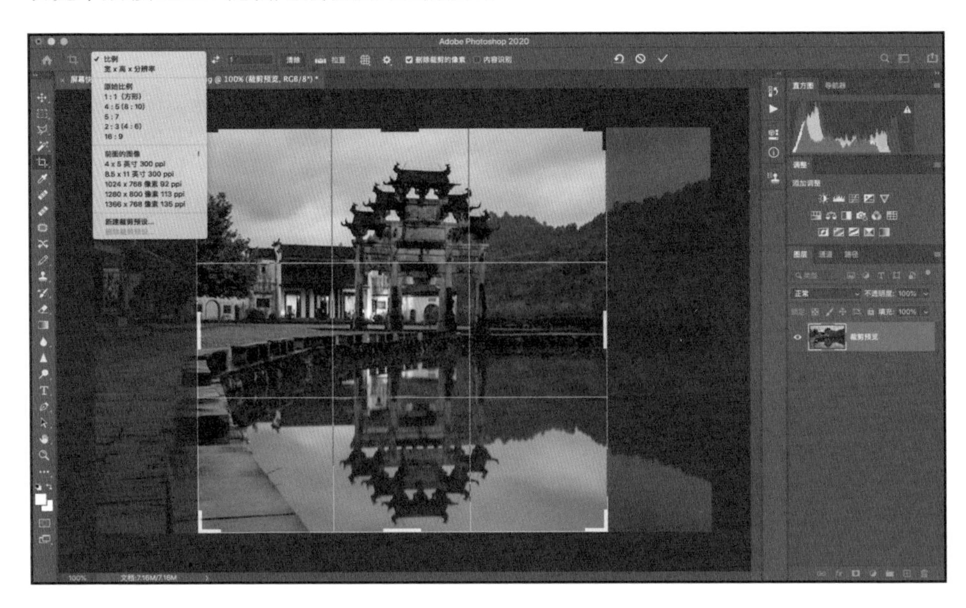

如果对裁切的照片不满意，也可以通过 Ctrl+Z 组合键来撤销操作，重新裁切即可。

利用拉直工具来进行二次构图

利用拉直工具可以快速地将不平的照片校正过来。在裁剪工具栏中选择拉直工具，对照片中本应该是水平的物体进行拉线，会自动将拉出的这条线变成水平，使得整个画面平衡。例如在下图中，我们选择画面中房屋底部为基准，拉出一条裁切线，然后按 Enter 键，画面被校正，这样画面看起来就舒服多了。

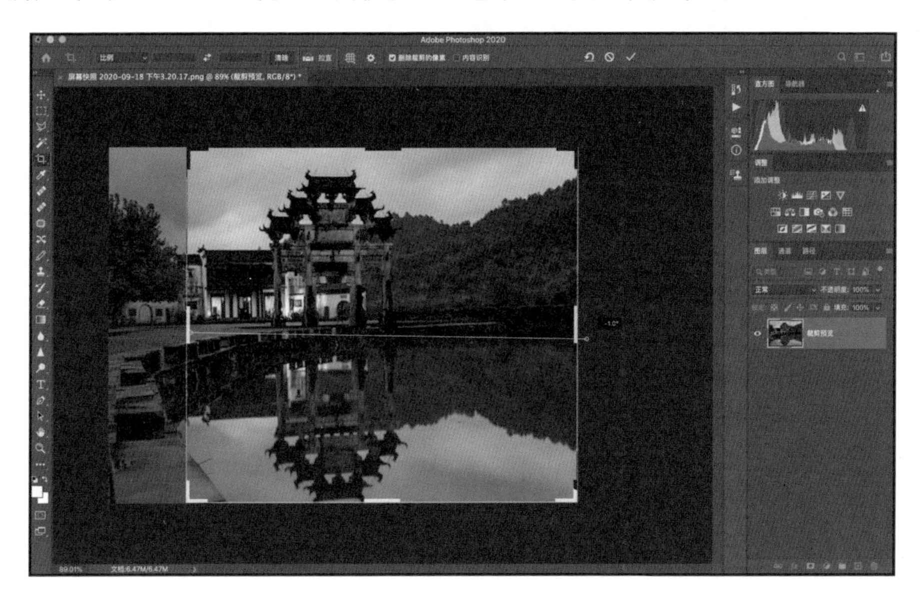

当然，也可以通过菜单栏中的“滤镜”—“镜头校正”选择拉直工具来校正画面。

下图为拉直后的效果图。另外还有一个快捷操作方式就是在裁切界面按住Ctrl键，待鼠标指针变成拉直图标后，即可快速实现拉直功能。拉直功能主要用于解决水平面不平、建筑物倾斜等问题。

裁切和拉直属于第一步要做的工作，也是很关键的工作。如果裁切得不好，很可能这张照片最终的效果也不会很好。通过拉直工具来对画面进行二次调整，简单而直接。

2.4 去除污点

很多时候我们拍摄的照片在细节上会有一些瑕疵，可能是环境本身的原因，也可能是人为的原因或是相机的原因，照片中出现了一些破坏画面的“污点”。此时需要快速修复或者去掉污点以使画面完整，在Camera Raw中主要会用到的就是污点去除工具。

［步骤1］

来看右侧这张照片，画面中出现的垃圾桶、自行车等其实是不太需要的，所以我们要把它们去掉。整个照片中需要去掉的部分，主要是垃圾桶、自行车和骑自行车的孩子。

［步骤2］

在使用污点画笔工具时可以设置类型为修复或仿制，画笔大小用来控制修复或仿制的范围，不透明度决定修复或仿制部分的透明程度。

在这里我们用到的就是污点画笔工具，非常简单，只需要对画面中需要去除的污点进行涂抹，软件会自动匹配修复结果，修复结果是可以移动的，而且有具体的细节可选择。另外，自动修复可以解决大多数问题，但对于细节较多的污点仍需要手动操作。

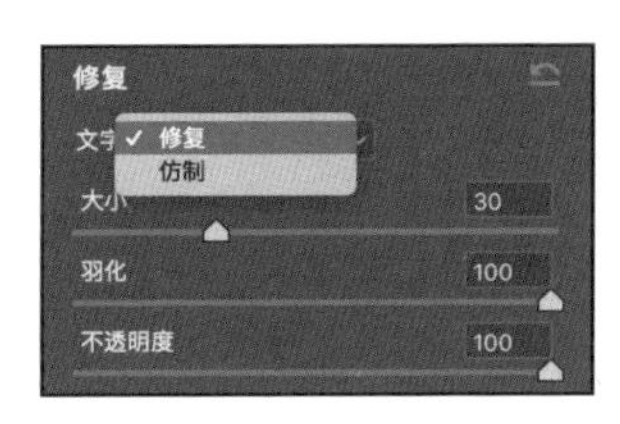

［步骤3］

涂抹要去除的垃圾桶，出现下图所示的红色区域，这时松开鼠标可自动进行修复。很明显，自动修复得有问题，这时你只需要调整绿色位置的内容并观察红色区域的效果即可。一般尽量选择周边的区域进行修复，这样成功率非常高。如果修复的效果不是很好，想要删除也非常简单，只需选择红点位置再按 Delete 键即可。这个工具使用频率比较高。

最后我们看见的效果就是最终修复好的照片，整体看来还是不错的。

污点修复的心得：胆大心细，修局部一定记得放大。

最终效果

原图

2.5 调整曝光

由于人眼的宽容度比相机的宽容度大很多，相机拍摄出来的效果达不到人眼看到的效果，所以在拍摄时会出现曝光不准确的情况，因此就需要对画面分区曝光并调整，以尽可能达到曝光准确。

由于各种原因，很多时候拍摄出来的照片会存在曝光问题，那如何来调整曝光呢？

将原始照片素材导入 Camera Raw 中，图例照片整体偏暗，可以通过观察右上角的直方图来判断曝光是否准确。很明显这张照片曝光不足，这时我们只需要将 Camera Raw 中关于曝光的选项滑块向右侧调节“曝光”到 +2.45，另外将“对比度”调节到 +13 增强画面对比，将“高光”降低到 -100 让天空的细节出现。若想增强天空细节的效果，需要用到工具栏中的渐变工具，来对天空进行局部调节。

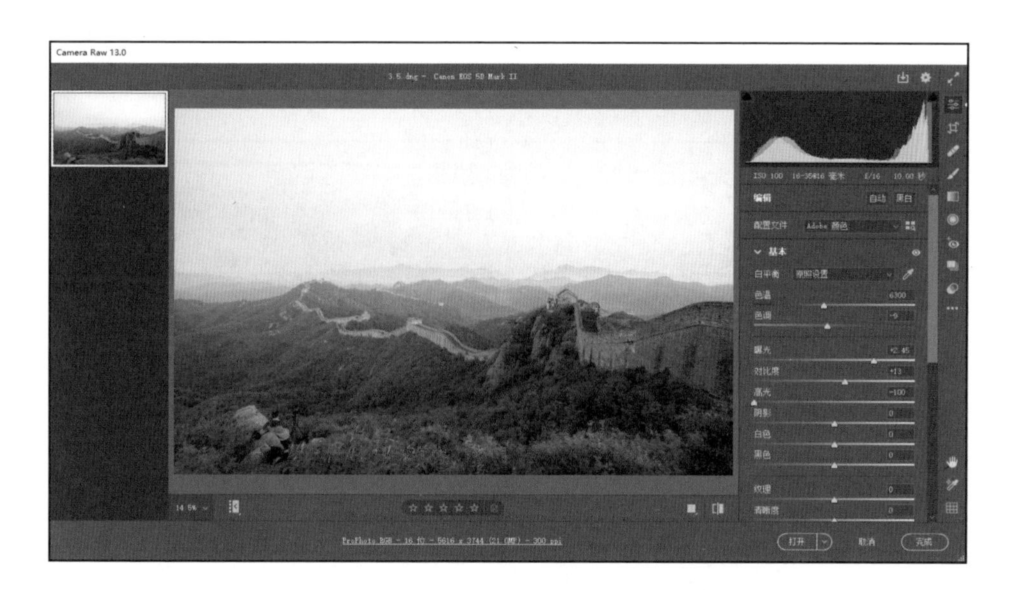

[步骤1]

选择渐变工具，在天空最上方单击鼠标左键并向下拖曳出一个需要渐变的区域，此时按住 Shift 键可以保证垂直拖曳。这样设置好区域后，再调节右侧的选项滑块，以使曝光准确。

[步骤2]

将“曝光”设置为 -1.9，天空亮度降低，细节出现了；“对比度”设置为 +17，让天边的云和山更清晰；“高光”设置为 -47，让亮部细节更丰富；“清晰度”

设置为 +80，让画面更加通透；“饱和度”设置为 -7，让远处的山和云在视觉上往后退。

［步骤3］

以上选项调节完后，还可以对渐变区域进行微调整，这样可以看见具体的表现效果。

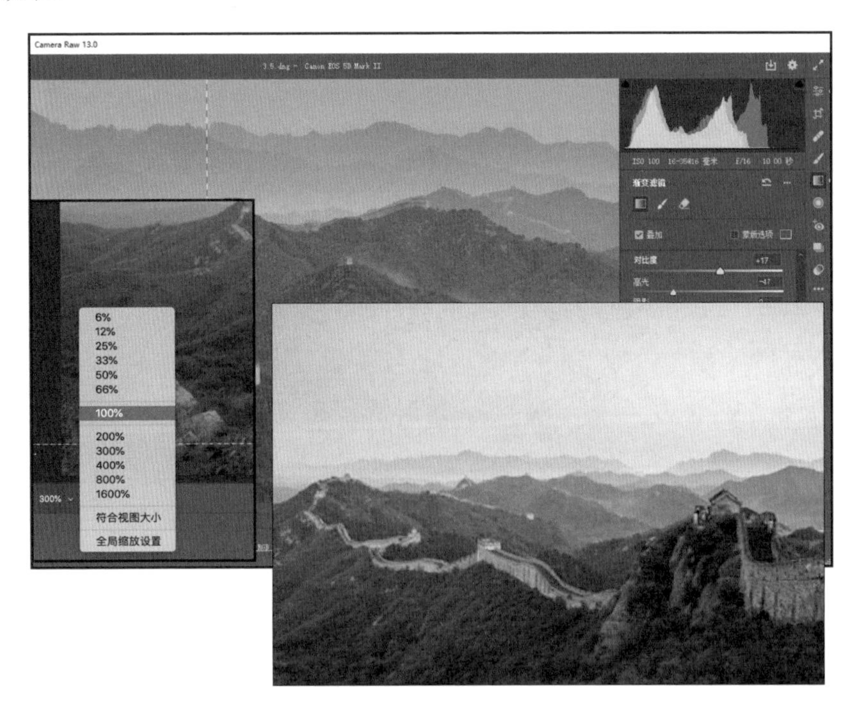

可以单击左下角的 100% 观看模式，这样可放大细节对比，将整个画面调整完成。合理的曝光可让画面层次丰富，更好地表现主题。

原图

最终效果

2.6 校正颜色

校正颜色其实就是让照片正确地反映物体原来的颜色。编辑照片时我总会先设置白平衡，因为如果白平衡设置正确，颜色基本就正确，颜色校正问题就会大大减少。

左图就是非常好的例子，在室内灯光下整个画面发黄，这是我们最常遇到的问题。很多时候因为复杂的光线或者相机设置的原因会导致颜色不准，这时就需要校正颜色了。

在 Camera Raw 中右侧的“白平衡”选项中选择“自动”，此时整个画面颜色就变得正常了，看起来也好多了，这才是原本的颜色。

大家应该了解，颜色不准带来的问题其实很多。我相信网购过衣服的朋友可能会有很深的体会，很多店家拍出来的照片和您收到的实物颜色差得很多，其实就是颜色不准确造成的。打开一张原始照片导入 Camera Raw，我们会发现在面板下第一个参数就是白平衡，在其右侧有一个下拉菜单，从中可以选择相机中所有的白平衡预设模式（包括原照设置、自动、自定）。注意：处理 JPEG、TIFF 和 RAW 格式照片的唯一不同之处是，如果照片用 RAW 格式拍摄，所有效果都是可用的，而其他格式的照片就只有“自动”这一个预设模式可选。

如下页图所示，通过改变白平衡设置得到了不同光线的颜色，同时解决了校正颜色的问题。

原照设置白平衡效果

自动白平衡效果

自定白平衡效果 1

自定白平衡效果 2

2.7 调整清晰度

调整照片的清晰度其实就是调整照片中间调的对比度，使照片看起来更有冲击力，以很好地将细节和画面质感表现出来。

打开原始图像，这里我们用一张没有应用任何清晰度调整的原片。这张照片非常适合大幅度应用清晰度调节，因为清晰度控件适合用在质感和细节丰富的物体上。对人像尤其是女性人像应尽量不用，不然一定会有不佳的效果。而这张照片中的建筑物有很多细节，正需要提高清晰度。我们在处理照片时基本上都会应用+20 ～ +100 的清晰度（对于城市风光照、风景照和其他任何细节特别丰富的照片），一般不用增加清晰度的照片就是人物肖像，尤其是女性和儿童人像。

如果想让照片增加冲击力和中间调的对比度，就将“清晰度”滑块向右拖动（如下页图所示，将滑块拖到 +96，使整个画面看起来更加有力量感，并且天空云层的细节表现更多，建筑物也显现出大量细节）。

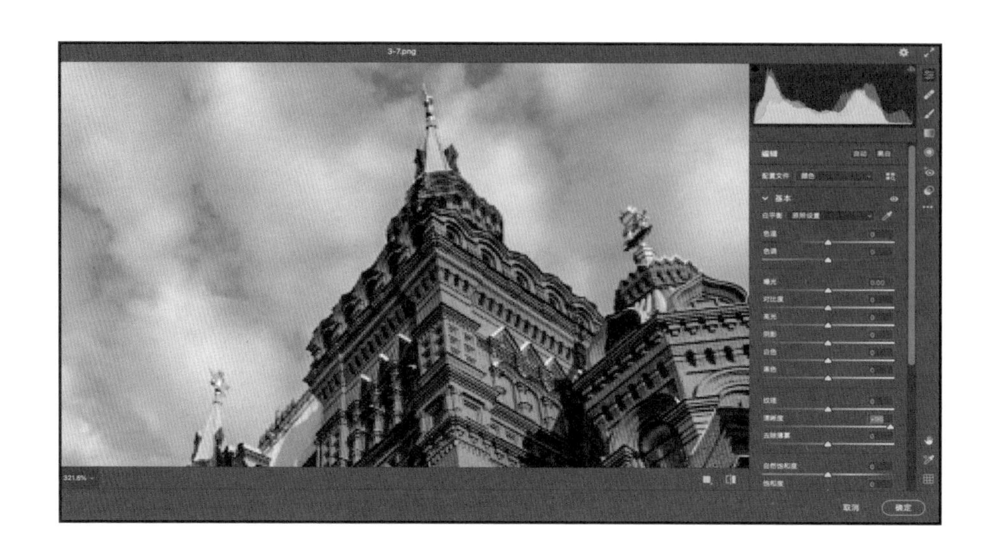

2.8 校正镜头

你是否曾经拍摄过一些建筑物照片，它们看起来好像都有些向后倾斜，或者看起来顶部比底部要宽？这些类型的镜头扭曲其实非常普遍，想要修复它们就要用到 Camera Raw 中的镜头校正功能。这款软件非常智能，大部分的镜头扭曲都可以自动修复，只有少部分可能需要手动修复。

［步骤1］

首先打开如右图所示的照片，这张照片拍摄时使用的是 16mm 的超广角镜头，所以整个画面让人感觉很广，但是周边的变形也很严重。

［步骤2］

进入 Camera Raw，打开光学面板，单击“配置文件”，勾选“使用配置文件校正”，这时图像就会自动校正。由于这张照片在拍摄时所用镜头的制造商和型号都被读取出来，所以校正过程瞬间就完成了。

［步骤3］

除了自动校正以外，还可以手动调整透视畸变。仰视拍摄一般都会出现畸变，除非用到移轴镜头才能避免。在后期校正中，只需在 Camera Raw 中打开几何面板，单击“A”即可快速对畸变进行校正。

[步骤4]

畸变调整完后，可以发现画面看起来舒服多了，仰视的透视畸变基本都消除了。

[步骤5]

在“手动转换”中，将“缩放”调整为93，将画面缩小到合适大小，这时我们发现照片的左右两侧出现了透明像素。

[步骤6]

这时“自动模式”已不能满足需求，所以直接在“手动转换”中调节参数。调节“垂直”“长宽比”等参数，最终得到相对理想的效果。

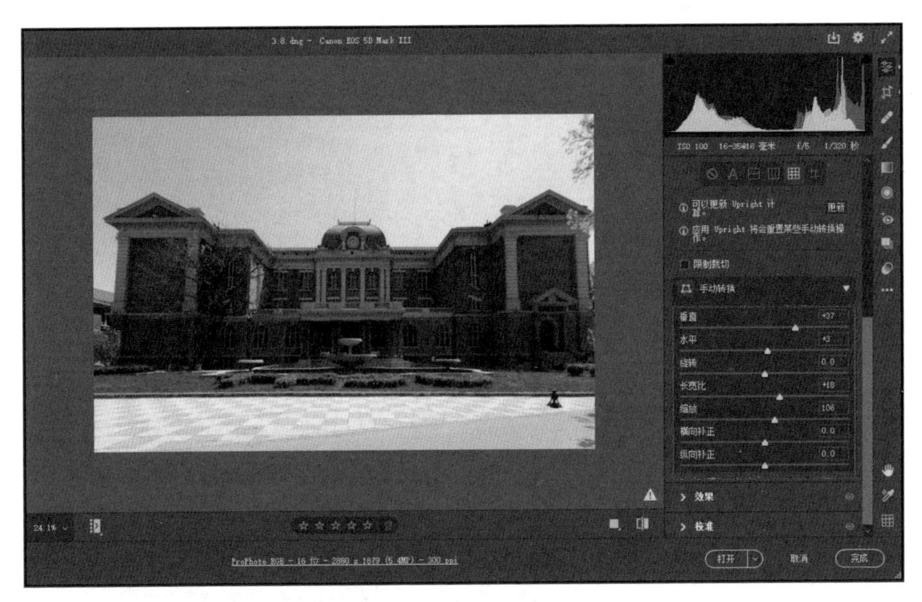

最终效果

原图

第 3 章
二次构图技巧

摄影中的构图非常考验摄影师的审美能力。同样的角度、同样的光线、同样的设置，不同的摄影师拍摄出来的照片都会有差别，这便是因为构图不同。很多时候我们会用到二次构图，这是提升画面质量的一项技能。本章中将列举出一些拍摄时常犯的错误，并通过二次构图来修正画面，从而帮助大家提升摄影构图能力。如何来提升自己的摄影构图能力呢？其实我自己很多时候都是通过看、想和拍来解决的，拿起手上的相机先不要着急拍，而是先看看环境和角度再按快门按钮。

3.1 地平线不平

地平线不平是拍摄时经常犯的错误，大多数摄影爱好者都会有此经历。其实若想避免类似情况发生，只要在拍摄时注意一下背景即可。比如下面这张漂亮的海面照片。

[步骤1]

打开下图所示的照片，不难发现，地平面是倾斜的，此时只需要使用 Photoshop 工具栏中的裁剪工具（快捷键 C）。选择上方工具栏中的拉直工具，对画面中本应该是水平的位置进行拖动后按 Enter 键，画面马上变为水平。

[步骤2]

此时我选择画面中的海平面作为拉平的标准，从画面左侧往右侧拖动鼠标，画面出现了 5.1° 的测试结果，说明画面需要旋转 5.1°。

［步骤3］

松开鼠标后，画面中会出现下图所示的调整网格线，这时你可以通过拖动外框上的控制点来控制构图，最后单击右上角的“ √ ”确定裁切。

最终效果

原图

3.2 不紧凑如何调整

若想调整照片给人的松散的感觉，可以将画面裁切得紧凑一些。我们可以利用裁剪工具中的构图辅助线来重新构图，这里包含常用的构图法：三等分、网格、对角、三角形、黄金比例和金色螺线，只需要套用就可以简单裁切出你想要的构图效果。

[步骤1]

打开如下图所示的照片，对整个画面进行裁切，调整构图。

[步骤2]

选择工具栏中的裁剪工具，重新调整构图，将不想要的地方去除并将重点放置在画面中心的位置。

[步骤3]

此时只需单击构图方式按钮即可发现 Photoshop 中预置好的多种构图辅助线。

对角模式

三角形模式

黄金比例模式

以上这些模式，都已作为经典的构图指导运用在很多摄影作品中，所以大家不妨多试试，找到自己喜欢的构图方式。我一般都使用三等分这种典型的方式。经过一段时间的训练，相信读者的构图水平一定会有所提升。

3.3 去掉不合理的干扰因素

构图不合理，主要是由于很多人对美的理解有偏差，在拍摄时只注意主体，并没有注意周边的环境，所以常常都会拍到一些干扰画面的元素。这里我们通过3个实际案例向大家介绍如何只用到裁剪工具就能很好地解决画面干扰问题。

案例1

[步骤1]

打开如下图所示的这张照片，在温暖的阳光下，几只小鹿正在游走，但画面的左下角出现了一些枯树杈，以及一只不完整的小鹿。这种情况是在摄影中经常遇到的，很多漂亮的场景都是在瞬间出现的，来不及多考虑就要拿起相机拍摄了。

[步骤2]

这里只要简单地对画面进行一些裁切，就可以快速提升画面的美感。选择工具栏中的裁剪工具，利用裁切的网格线作辅助，对画面进行裁切。

［步骤3］

对比前后的效果，可发现裁切后的整体效果更好，画面更简洁，主体更突出。所以拍摄时要多注意周围的环境，避免出现过多的干扰因素。

最终效果

原图

案例2

［步骤1］

接下来我们再看这个案例。画面上的蜜蜂正在花蕊上采蜜，整体感觉不错，但是主体在画面上太小，后面的花对整个画面有干扰；另外就是画面左侧的黄色花苞也有点抢画面。

［步骤2］

为了更好地表现蜜蜂采蜜，我们对整个画面进行裁切，尽量突出蜜蜂。这里还是利用裁剪工具，将蜜蜂放在三分点附近即可。

对比一下效果可以看出，裁切后的画面更加突出主题，主体更明确，指向性更强。

最终效果

原图

案例3

[步骤1]

打开一张人像照片，这个案例很典型。拍摄美丽的模特时，摄影师只将注意力放在模特身上，拍摄时没注意周围环境，所以将很多杂乱的物体都拍进画面了。

[步骤2]

使用裁剪工具对画面进行裁切。一般来说在模特视线方向应该多留些空间，裁切时就可以将另一侧多裁切一些，这样的画面会更协调。

最后对比一下，裁切后的效果就好很多了，画面很干净，观众注意力也都集中在模特身上了。

最终效果

原图

3.4 画面无重点如何构图

大多数摄影初学者拍摄时都会出现画面没有突出重点的问题，其实就是因为想要的太多，希望画面什么都能表现出来。

[步骤1]

我们来看如右图所示的这张照片，整体效果非常好，从高处望，可将整个瀑布尽收眼底。但你会发现，整个画面中有好几个重点，比如前景的绿草地、湖中的船。这里为了突出重点的船，对画面进行裁切。

[步骤2]

选择裁剪工具，对画面进行裁切，将船放置在三分点附近的位置。

[步骤3]

按 Enter 键确认裁切，此时可以看到整个画面的重点都落在船上了。

可以通过裁切范围周边的4个控制点来调整最终裁切的位置，如果大小没有问题即可通过键盘上的上、下、左、右这4个键来精确控制裁切框的位置，确定好后按Enter键或单击右上角的“√”即可完成裁切。

将房子作为主体突出表现

将船只作为主体突出表现

注意：在构图训练中，你会发现其实突出重点是一个非常简单、快速的方式，可以很快地提升自己的构图能力。当你确定了眼前画面中最想表达的主体后，剩下的就是把它放在合理的位置上。多尝试拍一些简单的画面对提升摄影水平很有帮助。

3.5 改变比例关系

很多时候改变比例关系会出现很好的效果。打开右图所示的照片，会感觉整个画面中天空和草地的比例关系让人有些不舒服。

打开裁剪工具，分别选择4：5、1：1、5：7、16：9的裁切比例，以便裁切后更加突出教堂。这几种经典的比例关系在很多画面中都有运用，我们来看看裁切后的最终效果。

4：5 裁切比例

1：1 裁切比例

5：7 裁切比例

16：9 裁切比例

第 4 章
去除照片中的杂物

我们在审视自己作品的时候，经常会发现一些影响照片效果的杂物。也许是无意间造成的，但这些小问题经常会干扰我们对作品的判断。为此，我们需要一些方法来高效地解决杂物问题。本章通过一些很典型的案例来系统地介绍如何处理照片中的杂物，不论是感光元件或镜头上的脏点、远处的天线，还是与主题不相关的人物，这些问题在本章都将迎刃而解。

4.1 去除照片中的瑕疵

照片中的瑕疵多为“点”“线”两种杂物类型，比如感光元件或镜头上的脏点、人物皮肤的缺陷和皱纹、天空中的电线等细小的干扰元素。后期中使用的工具主要是污点修复画笔工具，可以配合修复画笔工具使用。

案例说明

拿到照片以后，如果发现了不应有的瑕疵或杂物，往往非常容易干扰视线或者影响对整张照片的判断，因此有必要排除它们的干扰。本章将重点介绍如何在 Photoshop 中去除杂物和影响拍摄主体的物体。

从做后期的角度来看，可以将杂物分为“点”“线”“面”三大类。根据不同类别杂物的特点使用不同的工具，可以达到事半功倍的效果。

“点”类的杂物包括感光元件或镜头上的脏点、人物面部的青春痘等，需要使用的工具是污点修复画笔工具。这个工具非常好用，只需在污点上轻轻点击即可。

“线”类的杂物包括电线、人的皱纹等，这类杂物的去除方法也很简单，同样可以使用污点修复画笔工具来完成。如果条件不允许或者效果不好，可以配合修复画笔工具使用。

“面”类的杂物包括影响到拍摄主体的小元素，最常用的方法是使用内容识别填充工具来完成。如果使用内容识别填充工具无法完成，则需要考虑从本张照片或者别的照片中找到可替换的部分“嫁接”过来，这种情况的处理相对复杂。

去除感光元件或镜头上的脏点

[步骤1]

拿到照片以后却看到令人讨厌的脏点，是否会让您烦恼呢？不必担心，使用污点修复画笔工具，一步就可以搞定了。在 Photoshop 中打开照片以后，选择污点修复画笔工具，把画笔大小调整到比脏点略大，如下图所示。

[步骤2]

接下来，在脏点处单击鼠标左键即可完成对脏点的去除，这种方法非常简便。您从此不必再为一张好片子中的脏点而“纠结”了。

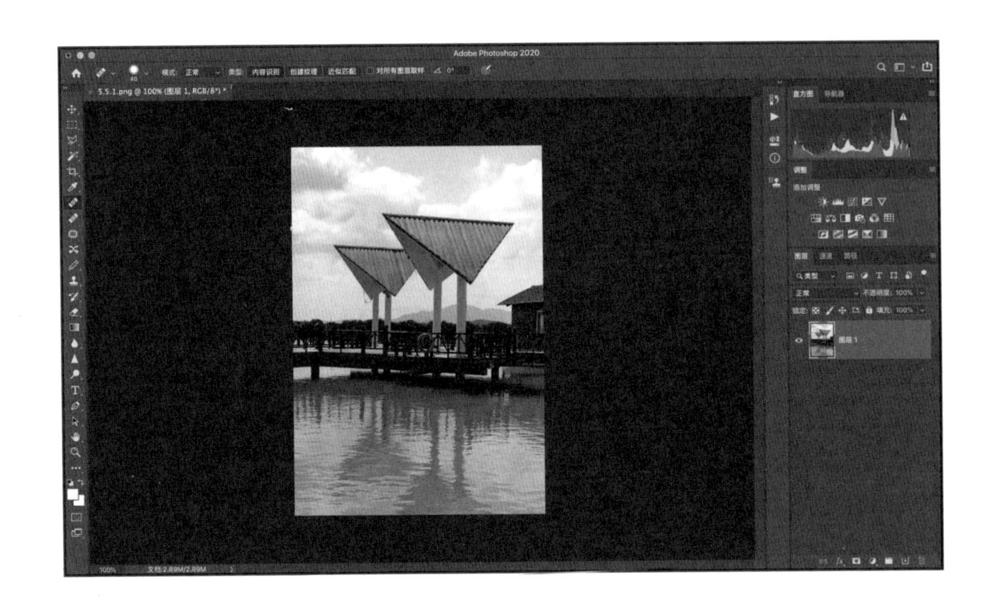

去除人物皮肤上的缺陷

人物皮肤上有缺陷在所难免，您是否还在使用仿制图章工具在那里一点一点地辛苦工作呢？很多 Photoshop 的老用户会使用污点修复画笔工具，这个全新的工具能够很好地处理大多数皮肤的缺陷，如斑点、青春痘、凹坑等，只要不是修复很大的面积，基本上使用这一个工具就足够了。

示例照片中人物的额头、面颊、肩膀处有很多细小的皮肤缺陷，看起来很多，很棘手，如果使用传统的仿制图章工具会耗时费力。此时我们需要做的工作如下。

［步骤1］

首先，在 Photoshop 中打开这张照片，然后用鼠标右键单击图层图标，在弹出的菜单中选择复制图层，复制一个新的图层。

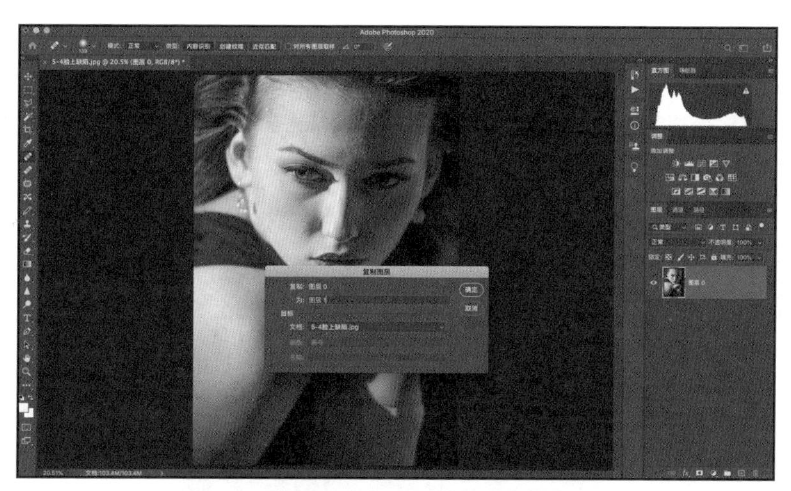

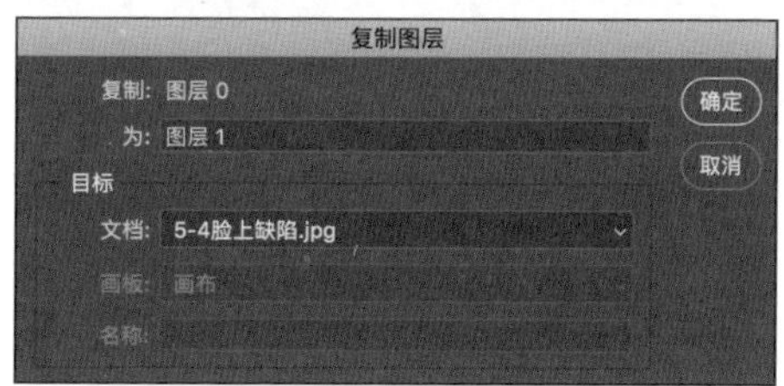

［步骤2］

选择污点修复画笔工具，勾选“对所有图层取样”，把画笔大小调整到比皮肤缺陷略大，如下图所示。

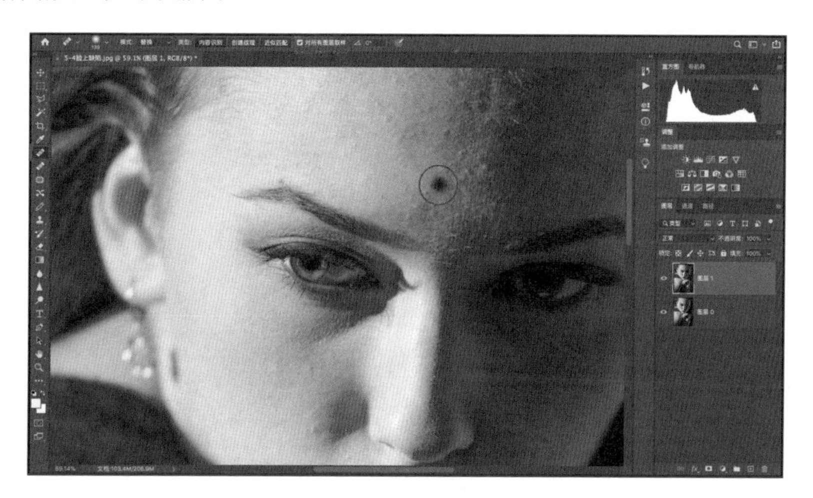

[步骤3]

单击鼠标左键，松开鼠标后立即发现那个小小的缺陷不见了，如下图所示。对，就是这么简单，你需要做的只是单击一下鼠标，皮肤缺陷被完美修复，填补后与周边的皮肤搭配得非常和谐、自然。

[步骤4]

遇到比较大的皮肤问题，如图中面部的耳环影子，可适当放大画笔，再次单击鼠标左键即可。

接下来，使用同样的方法去除面部所有的小缺陷及面部杂物即可。你要做的只是调整好画笔大小，一下一下地单击缺陷处，再多的小斑点问题也会快速解决。

［步骤5］

本案例中需要强调一点，你需要复制或新建一个图层，然后勾选“对所有图层取样”，再使用污点修复画笔，而不是直接在原图上修改。这样的好处是保护原图不被破坏性修改，既保留了原图又对皮肤的缺陷做了修复。因为后期对于人物皮肤的修改往往会反复调整，所以不建议像去除感光元件或镜头上的脏点一样直接在原图上调修。

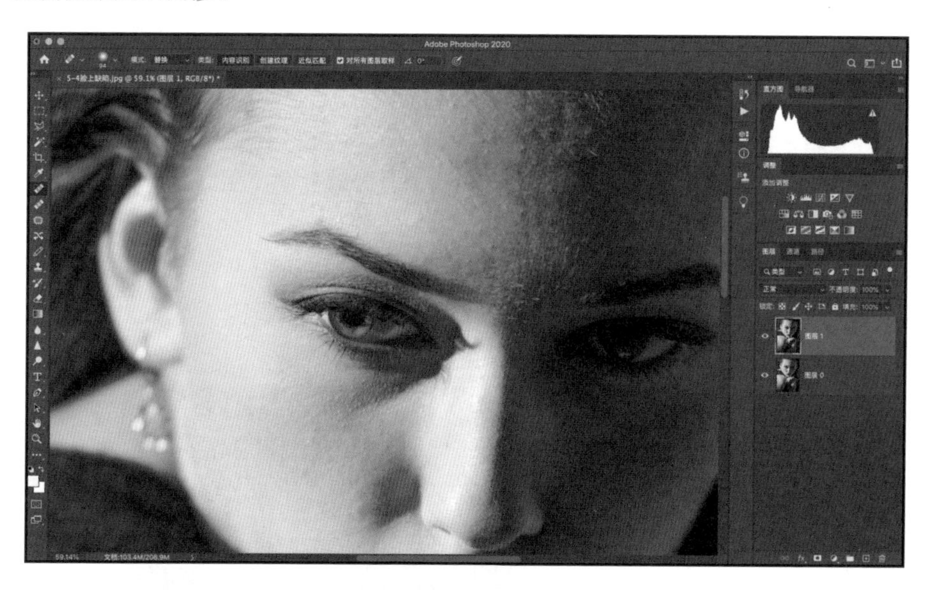

最终效果

原图

去除照片中的电线

如右图所示，风景照的右侧有几条电线干扰了整个画面，因此需要使用简单的工具去除这些电线，这里要使用的工具是污点修复画笔工具。需要注意的是，先去除简单部分，再耐心地去除复杂部分。

[步骤1]

在 Photoshop 中打开这张照片，按 Ctrl+J 组合键复制图层。选择污点修复画笔工具，勾选“对所有图层取样”复选框。放大照片，把鼠标指针移动到画面的电线部分，适当调整画笔大小（快捷键为 [和]），画笔直径比电线线粗略大即可，按住鼠标左键并沿着电线方向拖曳，擦除 3 条电线，如下图所示。松开鼠标，会发现电线被轻松地“去除”了。

［步骤2］

接下来需要放大照片，用污点修复画笔工具更仔细地去除电线与房屋相交的部分。

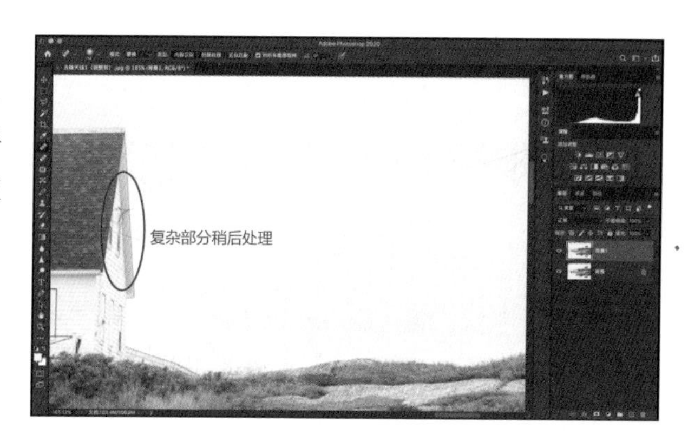

［步骤3］

新建图层，选择污点修复画笔工具，勾选“对所有图层取样”复选框。调整画笔大小比电线线粗略大即可，逐步地去除电线与房屋相交的地方。注意应逐步去除、分批地去除，不要贪心一口气完成。过程中可以新建多个图层，以方便控制和管理，最终效果如下图所示。

4.2 根据主题去除不必要的元素

与主题不相干的元素，多为“面”干扰物，其特点是面积稍大，常使用的去除工具为内容识别填充。如果条件相对苛刻，则需要选择本照片或其他照片中类似的部位，将其复制出来，替换掉干扰物的区域。

去除多余的人物

这是一个非常典型的案例，如下图所示，照片中远处的人物和帐篷干扰了主题的表达，我们需要想办法将其去除。

[步骤1]

为了不破坏原始图层，建议大家把照片导入 Photoshop 后，按 Ctrl+J 组合键复制原始背景图层。后面的操作都是在这个复制的图层中进行的。

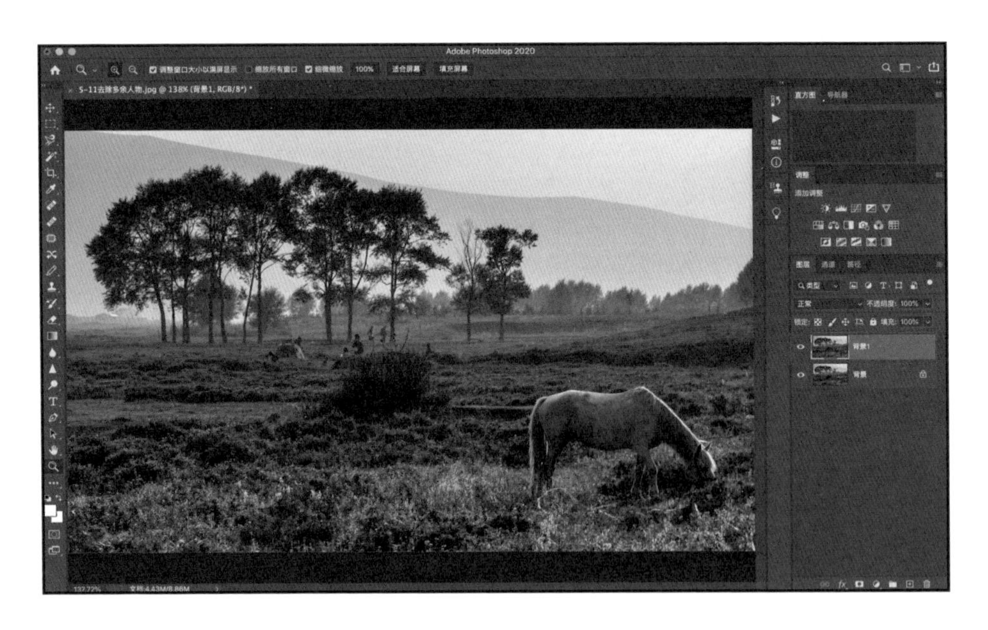

[步骤2]

使用套索工具仔细选择需要去除的部分，如下页上图所示。

［步骤3］

选择“编辑”—“内容识别填充”，在弹出的界面中单击“确定”按钮，按Ctrl+D组合键取消选择。此时可以看到，原本的帐篷、人物被风景中的草地所替换，就这样通过一步操作完成了杂物的去除。

［步骤4］

接下来，我们发现照片中仍有瑕疵。继续使用套索工具选择瑕疵部分，如下图所示。

［步骤5］

继续选择“编辑”—“内容识别填充”，在弹出的对话框中单击“确定”按钮，这样就完成了杂物的去除工作。去除前后效果对比如下图所示。

原图

最终效果

去除照片中干扰主题的杂物

下图所示是一张效果非常好的倒影风光照片，可是照片右下角的船破坏了画面；另外，倒映在水面中若隐若现的一些电线也是干扰物，我们需要把这两种干扰物从照片中去除。

［步骤1］

按 Ctrl+J 组合键复制原始背景图层。

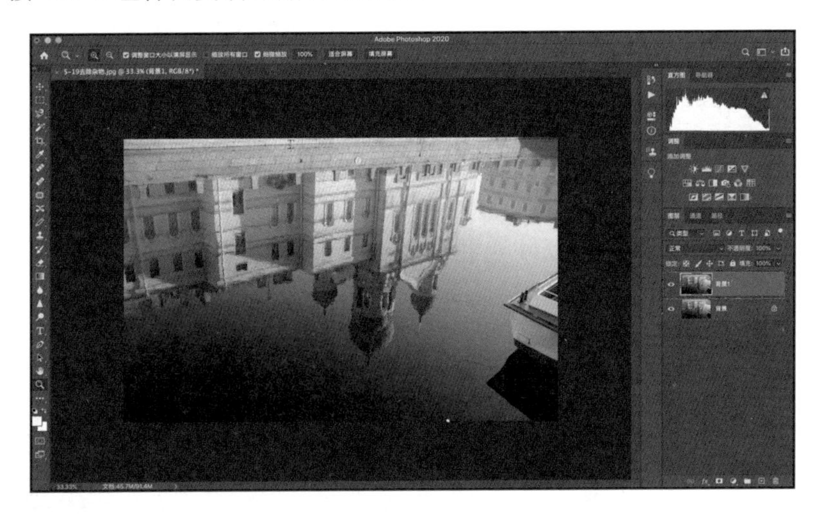

［步骤2］

使用多边形套索工具选择船只部分，注意此时使用的是多边形套索工具而不是套索工具。利用多边形套索工具能够更准确地控制所选的区域，而套索工具相对自由，不适合本案例。

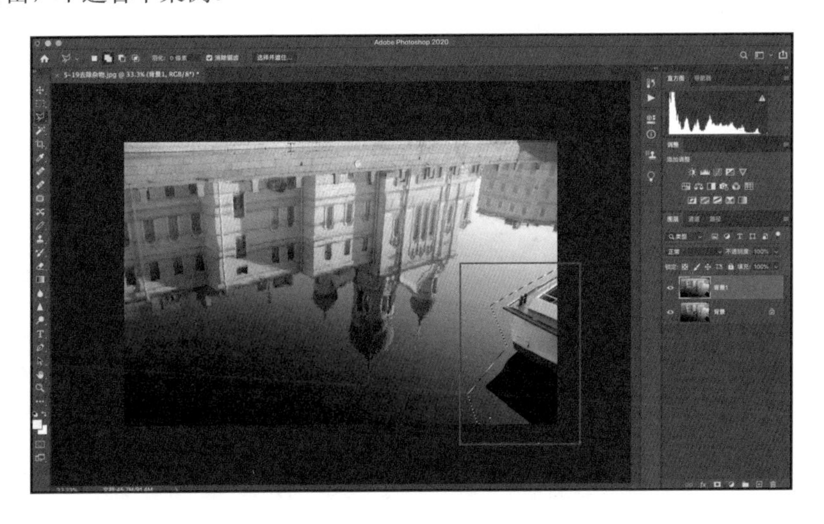

[步骤3]

选择“编辑”—“内容识别填充”，在弹出的界面中单击“确定”按钮，按Ctrl+D组合键取消选择。此时船只消失了，被水面自然地替代了。

本章中多次使用了内容识别填充工具，在这里提示大家，使用这个工具的条件是，被删除物体周边有较大的可利用的素材，比如大面积的草地或水面。如果要删除的物体很大，而周围可利用的素材很少，则不能使用这个工具。

［步骤4］

新建一个图层（这是一个好习惯，不要在原始图层中直接操作）。选择污点修复画笔工具，勾选“对所有图层取样”复选框，画笔大小调整为比电线线粗略大即可。然后按住鼠标左键，耐心地描摹电线，如下图所示。

［步骤5］

描摹好一根电线后，松开鼠标左键，会发现电线不见了，取而代之的是水面。

［步骤6］

仔细、耐心地描摹每一根电线，注意有时候很难一次成功，需要多描摹几次。效果如下页上图所示。

步骤7

观察照片，发现画面中还有一些极小的裂痕，这是由于刚才描摹的时候对照片造成了破坏，下面需要用修复画笔工具对它进行修复。

复制一个图层，选择修复画笔工具，选择“源”为“取样”，选择“样本”为“所有图层”，画笔大小调整为比电线线粗略大即可。

步骤8

放大画面，找到细微的裂痕，同时按住鼠标左键及 Alt 键，此时鼠标指针显示为采样的效果，单击裂痕不远处的位置，然后按住鼠标左键擦涂裂痕（这个操作像极了仿制图章工具的操作，很多 Photoshop 的老用户会喜欢它，其操作与仿制图章类似而且效果比仿制图章还要好）。用此方法可以快速解决细微的瑕疵问题。多数情况下我就是这样操作的，用污点修复画笔工具擦涂杂物，接下来用修复画笔工具来“清理战场”，这是一个小技巧。

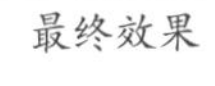
最终效果

原图

第 5 章 后期如何控制好曝光

控制一张照片的曝光，是摄影后期中最开始就要考虑的事情，尽管曝光的控制相对主观，特别是会对不同风格、不同主题的照片有不同倾向的曝光调整。曝光没有标准答案，但是如果拍摄的时候曝光不准、没有达到预想的效果，就需要利用一定的后期知识对曝光进行修正。

5.1 理解直方图

如何评判一张照片是否曝光正确呢？可通过直方图来了解。无论是原片还是 JPEG 格式的压缩图，在 Photoshop 中都有直方图展示。直方图可以理解为此张照片从最暗到最亮的范围内的像素分布。通过观察直方图，我们可以准确地了解到照片是属于曝光不足、曝光过度、大光比，还是有色彩溢出的风险。

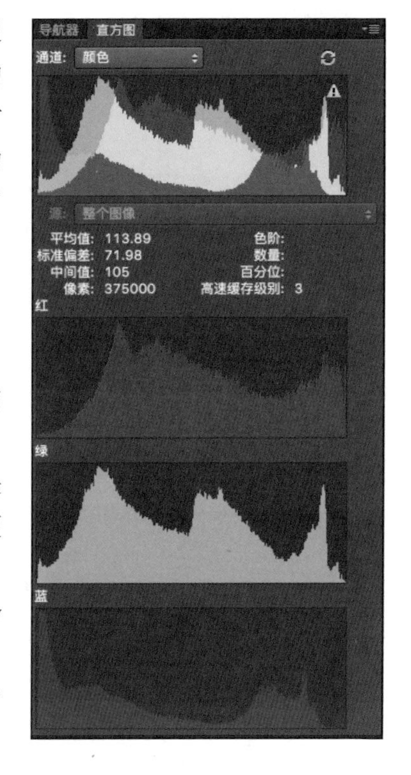

案例说明

直方图从左到右分别表示从最暗到最亮的变化。在 Camera Raw 中直方图解析得更加详细，把照片从最暗到最亮分布成了 5 个部分，分别是黑色、阴影、曝光、高光和白色。这样更加方便我们去控制、调整照片。后期在调整照片的时候，如果能用 Camera Raw 则尽量使用 Camera Raw 调整，你会发现控制得更加精准、效果更好。

照片中类似“山峰”一样的图形表示像素的分布多少，像素分布得越多，“山峰”就越高；像素分布得越少，“山峰”就越接近“地面”。

左图所示为典型的曝光过度的照片，照片的像素多分布在直方图偏右的区域，暗部缺少像素。

下图所示为典型的曝光不足的照片，照片的像素多分布在直方图偏左的区域，亮部缺少像素。

下图所示为典型的大光比的照片，照片在亮部、暗部都有较多的像素分布，但是中间调的部分像素分布很少。

通过对直方图的分析，我们能明显了解到照片的曝光处于什么水平。后文我们会详细介绍在曝光失常的情况下应如何调整，以使照片既满足曝光要求、又有丰富的细节。

5.2 曝光过度如何调整

在艳阳高照、烈日当头的情况下拍照，很容易出现曝光过度的现象，在拍摄外景的时候特别是天空的细节经常容易被丢掉。下面我们就介绍如何通过简单的方法“找回细节”。

观察右图这张照片，可以看到画面惨白一片，如果在 Camera Raw 中打开这张照片，会发现直方图中的色彩信息几乎都堆到了亮部区域，因此我们要做的工作就是尽量把细节“拉回来”。

［步骤1］

首先降低曝光值，将“曝光”调整到 -1.1，照片马上有了很大改观，但是仅仅降低曝光值还没有完全达到想要的效果。

［步骤2］

接下来的工作就是把“高光”调整到 -100，绝大多数高光的细节可以通过调整高光值来实现。因为本案例存在曝光过度的问题，所以在后期调修照片时要尽量降低高光的数值。

[步骤3]

继续调整，此时把“白色”滑块调整到 -37，更大程度地增加亮部的细节。

[步骤4]

接下来将“对比度”调整到 +13，“清晰度”提高到 23，让照片恢复细节的同时，增加层次感。

通过以上的调整就解决了曝光过度的问题，适当降低了高光和白色，并且适当提高了对比度和清晰度。调整前后效果对比如下图所示。

最终效果

原图

5.3 夜景曝光如何调整

曝光过度的典型特征是照片的亮部细节过少，我们的主要工作就是找回失去的亮部细节。在找回细节以后，还需要整体把握照片调整色彩溢出的部分，适当地增加对比度和清晰度，让照片既有丰富的细节，又能对比明显。

在户外夜景拍摄烟花，很容易出现曝光过度的问题。或者说，如果曝光不适当过度，照片就会显得暗淡。因此拍摄夜景时有时也需要曝光过度，这就需要我们在后期把照片的细节调整回来。

观察直方图，可以看到左、右各有亮色的三角形标志，表示照片中已经有少部分亮部、暗部没有细节，为纯白或者纯黑了。这是我们不希望看到的，我们要做的是让亮部、暗部都有细节，这样的照片才精彩。如果是漆黑一片或者惨白一片，照片失去了细节，也就失去了保存的意义。这也是反复强调拍摄时一定要使用原片格式的原因，因为原片格式可以找回丢失的细节。

［步骤1］

如何让照片恢复细节？为了让亮部和暗部都有丰富的细节，需要调整“高光”滑块和“阴影”滑块。这也是一个通用的小技巧，适当降低高光和适当提高阴影，可以让更多的亮部细节和暗部细节呈现出来。本案例为夜景拍摄，条件相对极端，为此，我们分别把“高光”和“阴影”的数值调整到 -100 和 100。

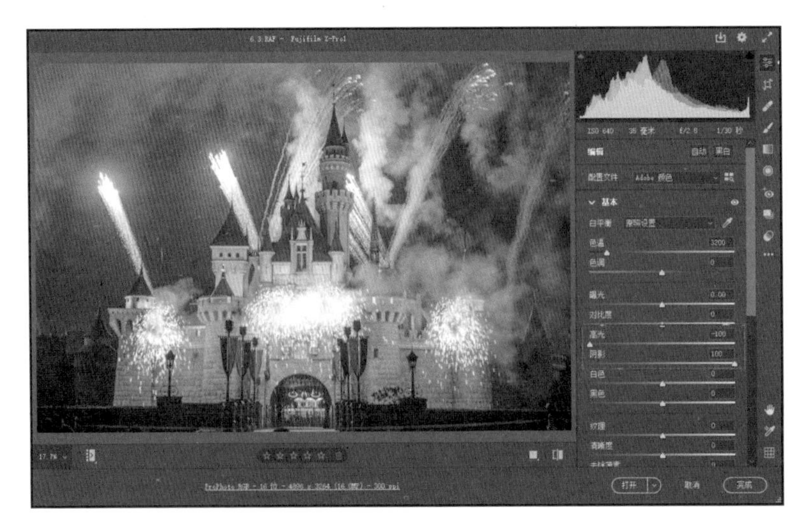

［步骤2］

这时看到直方图中亮部还是有色彩溢出的警报，因此继续调整控制最亮部的“白色”滑块和最暗部的“黑色”滑块，将数值分别调整到 -100 和 22。

［步骤3］

通过对比图可以看出细节，但照片效果并不理想，比较平淡，达不到理想的效果，按照大家的思维习惯也不愿意把滑块移动得过于极端，比如之前提到的 +100 或 -100。接下来做的工作就是提高照片的对比度并做适当的取舍。为了让照片更精彩，有时候会适当地牺牲少量的黑色和白色，从而解决曝光失常的问题。少量的色彩溢出是可以接受的。首先将“对比度”调整到 50，如下图所示。

［步骤4］

既然有光，光晕就会比较强；既然是夜景，背景应该比较暗。本着这个原则，我们适当地回调“高光”“阴影”“白色”和“黑色”滑块，分别调整到 -60、+80、-80 和 +10。此时观察照片，既有了丰富的细节，又真实还原了现场，让烟花明亮且清晰，让背景深下来且有一定的细节。虽然有一些色彩溢出，但是能够接受。

［步骤5］

最后一步，适当地增加清晰度，将“清晰度”调整到 +25，让照片更清晰，稍稍提高色温，让画面色调更暖一些。

前后效果对比如下图所示，可以看到暗部不再是漆黑一片，而是增加了细节；亮部也不是惨白，而是有丰富的光效产生。

最终效果

原图

5.4 曝光不足如何调整

曝光不足的典型特征是照片中的暗部细节过少，我们的主要工作就是找回失去的暗部细节。在找回细节以后，还需要整体把握照片色彩溢出的部分并适当地增加对比度、清晰度，让照片既细节丰富，又能对比明显。

这是一张典型的曝光不足的照片，整体偏暗，并且视觉主体区域靠近镜头的草地和马的细节几乎看不到。如何调整才能让照片重现细节呢？

[步骤1]

在下图的直方图中，亮部还是有色彩溢出的警报，因此我们移动控制最亮部的“白色”滑块和最暗部的“黑色”滑块，将这两个滑块分别移动到 0 和 30。

[步骤2]

提亮照片以后，发现照片对比度很弱，因此移动“对比度”和“白色”滑块，分别将其调整到 +20 和 +30。同时把“清晰度”和“自然饱和度”调整到 +20 和 +30。通过以上的调整，让照片在提亮的基础上变得对比更明显、更清晰。

［步骤3］

调整完这些基本滑块以后，如果觉得调整得还是不够强烈，可以使用色调曲线调整。单击“曲线”标签，在面板中选择参数，下面有4个滑块，分别是“高光”“亮调”“暗调”和“阴影”，可简单理解为从最亮到最暗分成了4个区域。本案例需要调整暗部曲线，提高暗调来继续增加暗部亮度，压暗阴影来让照片的对比度进一步增强，具体是将“暗调”和“阴影”分别调整到+40和-30。

对比一下最初的照片，暗部已经很清楚地呈现在眼前，照片整体的细节丰富多了，观察直方图也没有色彩溢出。一张严重曝光不足的照片就这样被我们修正了。但是我们仅仅满足于此吗？如何让照片更有意境、达到我们的拍摄初衷呢？接下来看一看曝光的局部调整。

5.5 如何对画面的局部曝光进行调整

有时候仅仅调整原片中的各个属性是达不到最理想的效果的。虽然 Camera Raw 的局部调整没有 Photoshop 那样功能强大，但是有几个非常好用的局部调整命令可以让用户快速地达到不错的效果，并且可以直接调修无损格式。

[步骤1]

首先要把远景压暗，选择的工具是渐变滤镜。选择渐变滤镜工具后，Camera Raw 界面右侧会显示渐变滤镜的可调整参数。这里把“曝光”降低为 -1.00，把“清晰度”降低为 -100，这样做的目的是虚化远景。接下来单击并拖曳鼠标，从照片顶部开始，一直拖曳到两匹马的上部，此时我们看到天空以及远景被自然地罩上了一层暗色。

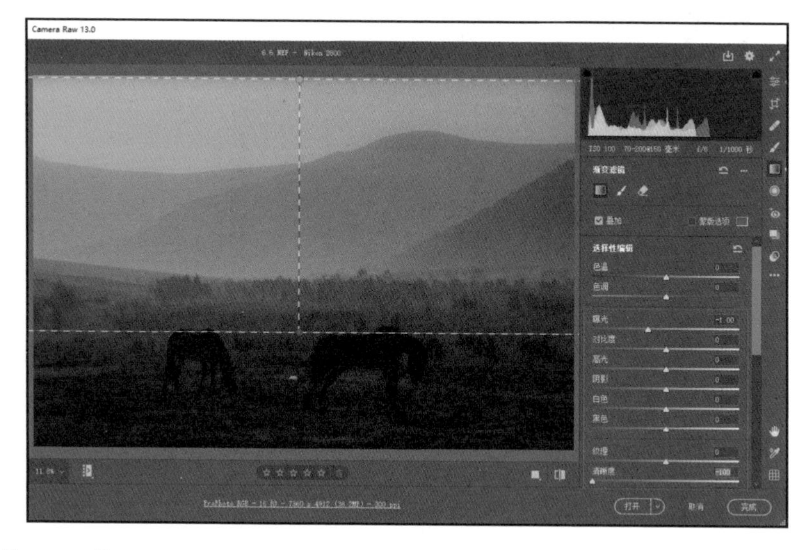

[步骤2]

调整好远景后继续调整近景，再创建新的调整，从下往上直接拖曳渐变滤镜工具到两匹马的上部，然后调整下方渐变滤镜的参数。把“曝光”“对比度”“阴影”“清晰度”“饱和度”分别调整为 +1.25、+27、+50、+50、+25。调整的原则是提亮近景，并且增加近景的饱和度、清晰度。通过以上两个渐变滤镜的调整，照片的艺术性马上就提升了许多。

[步骤3]

照片中的两个主体（两匹马）太黑了，很难看到细节，因此我们需要通过局部曝光的调整让它们的细节丰富起来。选择调整画笔工具，此时 Camera Raw 右侧显示的是调整画笔工具可以调整的内容。适当提高“曝光”“阴影”及“清晰度”的值。放大图像，适当调整画笔大小和羽化程度，在马的身上轻轻擦涂一次即可。调整后可以发现马变亮了。

[步骤4]

最后，为了增加照片的艺术性，我们进行局部颜色的调整。打开颜色分级面板，选择高光，把高光中的“色相”调整为 20，“饱和度”调整为 15，给照片增加暖红的光感，让照片的艺术性增强，两匹马在阳光的映衬下安静休憩的氛围就被营造好了。对比前后效果，是不是很有成就感？

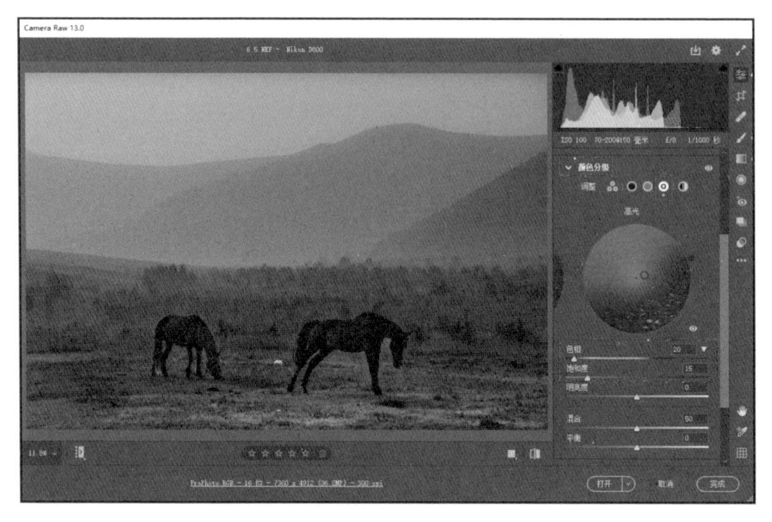

原图

最终效果

5.6 大光比的画面如何调整

外出拍摄时经常遇到一些情况，天气晴朗，蓝天白云，肉眼看起来是一幅绝美的画面，但拍摄出来的照片要么天空看起来很舒服，建筑物漆黑一片；要么建筑物清楚，天空曝光过度。这是因为照相机镜头没有人眼这样智能的感光能力，我们必须在后期对照片进行调整。幸好我们有Camera Raw，这个工具真是太棒了！

我总结了以下的调整规律，来对这种大光比的调整有的放矢。

观察右图这张照片以及它的直方图，可以看到大部分像素分布在亮部和暗部，中间调很少。我们需要做的工作是分别调整亮部和暗部，让细节显现出来，然后增加对比度和清晰度，让照片通透、有层次，最后酌情调整饱和度即可。下面是具体的操作步骤。

［步骤1］

首先把“高光”和“白色”分别调整到 -20 和 +10。降低高光是为了让亮部细节更丰富，提高白色是为了让最亮的颜色增多，让照片亮部的对比度提高。

［步骤2］

接下来调整暗部，把“阴影”和“黑色”分别调整到 +70 和 -10。提高阴影，是为了让暗部细节增多；降低黑色，是为了让照片最暗的部分更多一些，让整个照片的暗部有层次。

[步骤3]

提高照片的“清晰度”和“自然饱和度”，分别调整到 +25 和 +15。这一步的调整是为了进一步增强照片清晰度，并让整个照片的色彩更加浓郁。

[步骤4]

我们发现，虽然是为了增加对比度和调整曝光，但并没有移动“曝光”滑块和“对比度”滑块。因为天气晴朗的环境下，如果直接调整曝光，很容易调过，因此不推荐。而大光比的情况下，本身像素分布就比较极端，不建议再调整“对比度”滑块。如果

整个照片比较灰，则可以考虑调整“对比度”滑块。在这里我们需要分别调整亮部、暗部两个部分的滑块来增加对比度。压暗高光，提亮白色；提亮阴影，压暗黑色。这两种调整方法是比较有效的分别提高亮部和暗部对比度的技巧。

原图

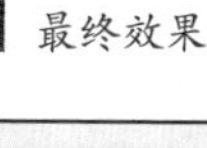

最终效果

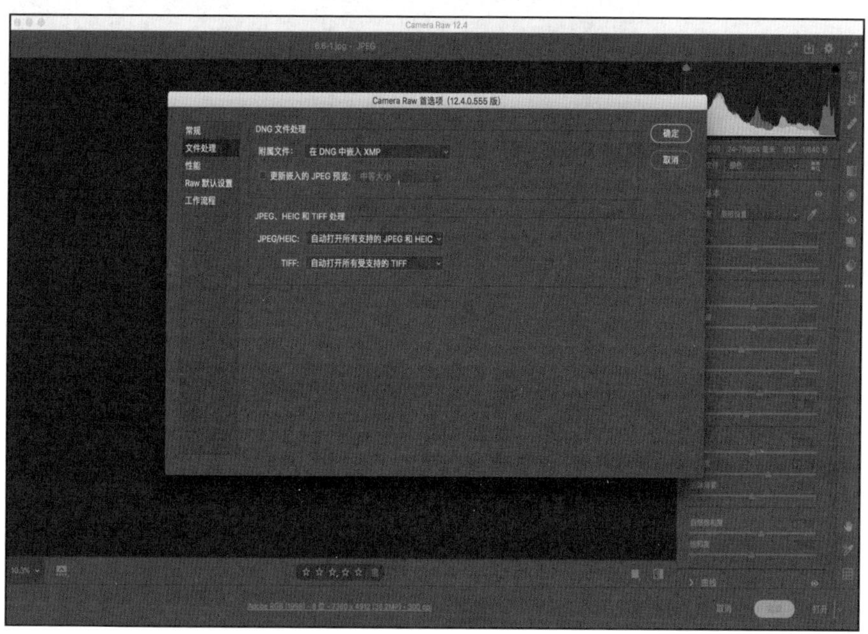

为了让 JPEG 格式的照片也能使用 Camera Raw 调整，可以进行以下简单设置。单击 Camera Raw 界面中的设置按钮，在弹出的“Camera Raw 首选项”对话框中选择“文件处理”，在 JPEG/HEIC 下拉列表中选择“自动打开所有支持的 JPEG 和 HEIC”，单击“确定”按钮。下次只需要把 JPEG 格式的照片拖曳到 Photoshop 中，Camera Raw 编辑器就会自动弹出，就可以用 Camera Raw 编辑压缩的 JPEG 格式照片了。虽然少了部分功能，但是主要的基本设置还在，所以推荐大家以后也用 Camera Raw 编辑压缩照片。

第6章
后期如何准确控制白平衡

白平衡调节的方法总结起来一共有3种，而且都要使用Camera Raw来调整，所以最好使用原片来调整，这样照片里包含的信息更多！

6.1 室内白平衡校正

室内白平衡校正是我们最经常用到的操作，也是最简单、最直接的操作。在室内，无论是墙面、地面，还是其他部分，都会有我们需要的“浅灰色地带”，能够方便我们直接就地取材。

[步骤1]

看到照片满眼的黄色，不用着急，仔细观察照片中有没有可取的“浅灰色地带”。我们很容易锁定目标——墙面，因为墙面原本应该为浅灰色的区域，但是拍照后发生了色偏。单击白平衡工具，然后在墙面单击一下就完成了白平衡的设置。

[步骤2]

对比前后效果发现反差很大，色偏都已消失。是不是很方便呢？只需要单击一下就完成了设置。

6.2 人物白平衡校正

在室内拍摄的人像照片最微妙的地方就是人物的皮肤颜色，平时用肉眼很难分辨皮肤色彩的微妙变化，借助白平衡工具，寻找“浅灰色地带”就成了首要目标。

[步骤1]

选择白平衡工具，单击照片中的“浅灰色地带”，可以看到人物的肤色发生了微妙变化。

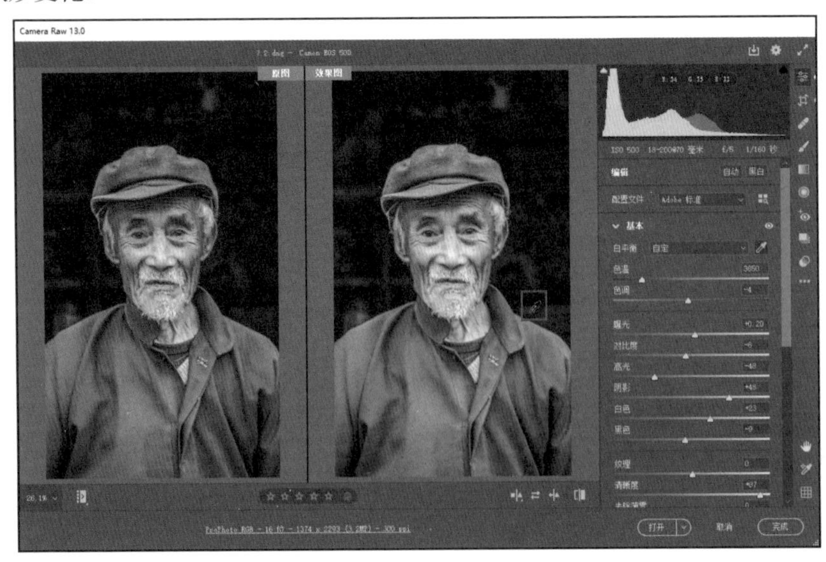

[步骤2]

如果对这个变化效果并不是很满意，可以再次单击照片中其他的浅灰色地带，直到对效果满意为止。在多数情况下，我们对人物的白平衡调整会反复尝试几次，因为细腻的人物皮肤的颜色变化往往很微妙，多试几次会有很好的效果。

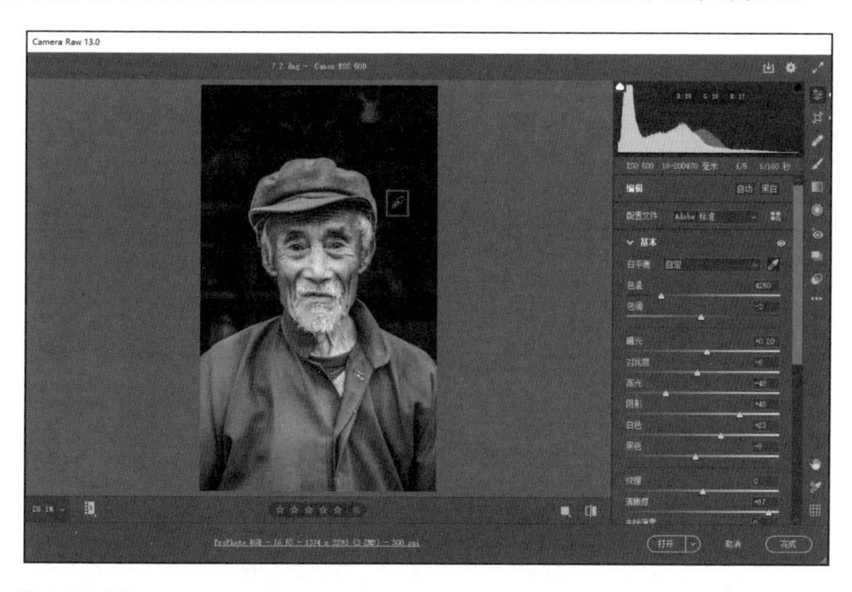

[步骤3]

下图所示的是修改前后的效果对比。如果仅仅用肉眼观看原图很难发现皮肤偏黄，经过白平衡校正后，对比才能发现较为微妙的皮肤颜色变化。

修改后

修改前

6.3 晴天室外的白平衡校正

在室外拍摄的时候，如果有可用的“浅灰色地带”，我们仍可以使用白平衡工具来调整；如果没有可用的“浅灰色地带”，就需要进入第 2 个选项：白平衡预设。

［步骤1］

这是一张典型的室外拍摄照片，可惜我们找不到可以利用的“浅灰色地带”，因此选择使用白平衡预设选项。在 Camera Raw 界面右侧的白平衡中有预设的下拉列表，从中选择“自动”。

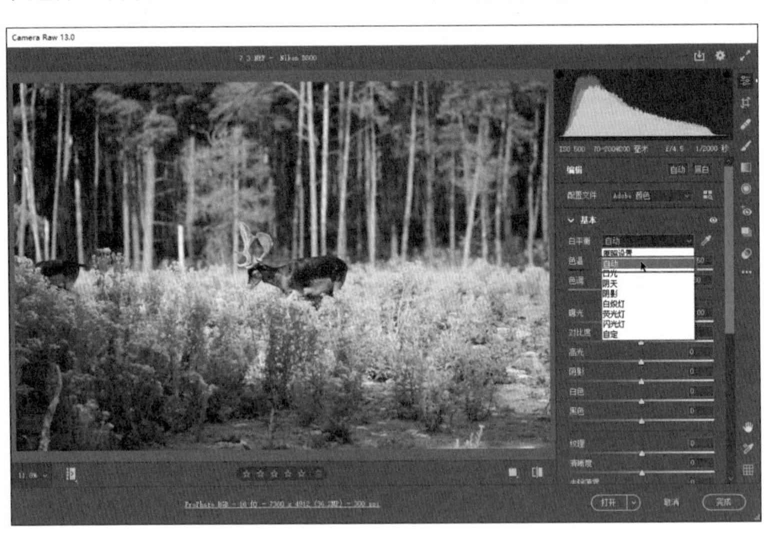

［步骤2］

选择后照片发生了很微妙的变化，光线更加“清冷”。对比修改前和修改后，就会发现修改前色调偏暖，而这个微妙的变化让照片反映出拍摄时场景的色调。

修改后

修改前

6.4 雪景的白平衡校正

乍一看这张雪景的照片，很难调整好白平衡，整张照片白茫茫一片，如果用白平衡工具调整会无从下手，整个风光都被白雪笼罩。此时需要借助白平衡预设，但是预设中没有雪景这个选项，那么就需要采用综合调修的手法了。

[步骤1]

单击白平衡预设中的“自动”选项，照片色调马上就变暖了。

[步骤2]

因为使用的是自动的预设，如果感觉画面过暖，可以通过适当降低色温值来完成白平衡的设置。

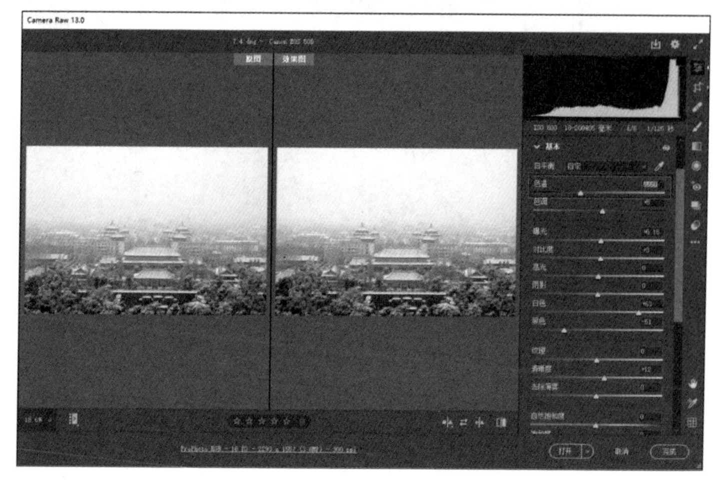

6.5 夜景中控制白平衡的方法

拿到夜景照片后，我们发现难以找到一个合适的“浅灰色地带”来定义白平衡，预设中同样也没有夜景的选项，而拍摄时出现的蓝色冷色调该如何消除呢？

【步骤1】

既然没有可以利用的“浅灰色地带”，就进入白平衡预设选项，选择“自动”选项。选择后发现整张照片被“点亮”了，但是色调过黄了。

【步骤2】

接下来调整色温值，将“色温”降低到3 650，既纠正了蓝调，又真实还原了夜景。

调整好之后可以对比修改前后的两张照片，感觉修改后的照片比修改前的看着更舒服些了。

调整白平衡总结：虽然我们介绍了尽可能准确地调整白平衡的方法，但是并不意味着这些就是“标准答案”。最重要的是你是摄影师，照片的风格和色调还是要由你来把控，“正确”的白平衡不一定是“最合适”的白平衡。

修改后

修改前

第 7 章
锐化与清晰度

无论是风光摄影、人像摄影，还是静物摄影，大家都希望能看到非常清晰的照片。照片的锐化与清晰度工具在这里起到了很大的作用。那我们该如何使用这些好的工具呢？本章将重点介绍锐化与清晰度的使用方法和技巧。

7.1 理解锐化与清晰度

首先我们需要了解锐化和清晰度的区别，之后了解锐化在风光、人像、静物照片中起到的作用。这一步工作一般都会在其他工作完成后用作最后的点睛之笔。

［步骤1］

打开基本面板，将“清晰度”分别调整到+100和-100，观察照片的效果。这是比较极端的做法，一般建议大家在增加清晰度时小幅度地增加。若是静物，一般“清晰度”为+50～+80比较好。

[步骤2]

“清晰度”为 +100 时细节处的对比被加强，整体的质感得到了提升，同时噪点也增多了，所以在调节清晰度时要注意噪点的可接受程度。“清晰度”为 -100 时整个画面有种被“磨皮”的感觉，画面变得很朦胧。一般调节人像（尤其是女性或儿童）、美食、比较柔软的物体的照片时，适当降低清晰度是非常必要的。

[步骤3]

锐化是另一个非常重要的设置参数，它看起来和清晰度比较相似，但是在细节上与之还是有一定的区别。一般仅需对明暗反差比较大的地方进行锐化操作，或者直观地说就是对轮廓位置进行锐化操作。锐化面板下有 4 个滑块，分别是“锐化”“半径”“细节”和“蒙版”。

[步骤4]

锐化：主要控制锐化的强度。

步骤5

半径：用来决定作为边缘强调的像素点的宽度。如果半径值为1，则从亮到暗的整个宽度是两个像素；如果半径值为2，则边缘两边各有两个像素点，那么从亮到暗的整个宽度是4个像素。半径值越大，细节的差别越大，但同时会产生光晕。

步骤6

细节：用来控制锐化后的明显程度，该数值越高细节越明显，但是越“假”，建议一般调节到25～30。

步骤7

蒙版：控制局部效果的遮挡，该数值越大遮挡得越多。当调节到100时，则只对画面中的明显轮廓起作用，其他位置都被遮挡。

7.2 风光照片如何调整锐化与清晰度

在风光照片中，清晰度一般是用来控制全局的。如果想让照片更加通透、清晰，一般可以将清晰度调整得比较高。另外，锐化的调节主要是针对画面中有明暗变化的位置（也就是明暗交界处），提高颜色的对比度，从而让画面看起来更加清楚。

［步骤1］

打开右图所示这张风景优美的风光照片，无论是构图、曝光、题材都非常不错，如果能让主体更加突出、更加清晰就更好了。对比一下调整完清晰度后的效果，还是非常明显的。

调整前

调整后

［步骤2］

打开基本面板，将“清晰度”调整到+81，可以发现比之前清楚很多了，整个画面明暗的对比也加强了，远处的海平面也清晰了。

［步骤3］

由于岩石的轮廓并不是很清楚，所以调整好清晰度后，再来设置锐化。打开细节面板，将“锐化”调整到118，此时我们发现画面有更多的细节得以展现。

［步骤4］

最后在细节面板中将“半径”调整为0.5，“细节”调整为25，“蒙版”调整为40，此时整个画面中岩石的边缘都得到了合理的锐化，看上去非常清晰。

7.3 人像如何调整锐化与清晰度

在人像的锐化中，不同年龄、不同性别的人群所需的锐化程度是不一样的。增加清晰度可以让男人显得更加阳刚，老人的皱纹显得更清楚；降低清晰度可以让女人皮肤显得柔和，孩子显得更加稚嫩。本节将通过下面的两个案例介绍具体如何操作。

案例1

［步骤1］

首先打开一张老人的人像照片。为了表现出岁月的沧桑，需要增加清晰度，提升画面的层次感，并且要将人物的轮廓进一步加强。

［步骤2］

在 Camera Raw 中先调整整体的清晰度，让画面更有质感。将“清晰度”调整到 60，此时老人面部的细节完全凸显出来。一般在调节老人的照片时，清晰度的增加值都比较高，这样效果比较明显，但是也要注意分寸，千万不要过头。

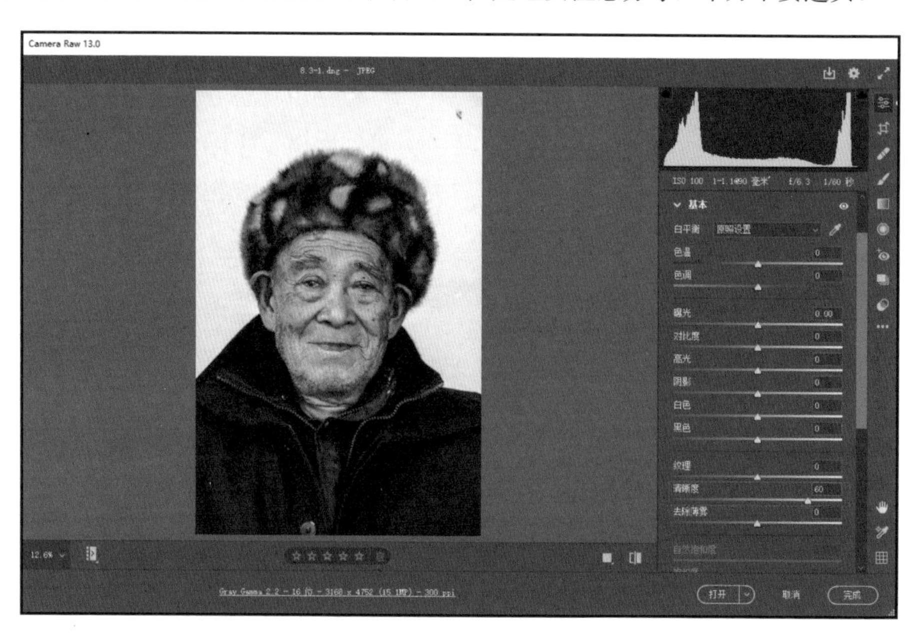

[步骤3]

整体提高清晰度后，再对画面局部进行锐化，使轮廓变得更清楚。打开细节面板，将“锐化”调整为100，“半径”调整为0.5，“细节”调整为25，“蒙版”调整为80，这时人物的轮廓和细节更加突出了。

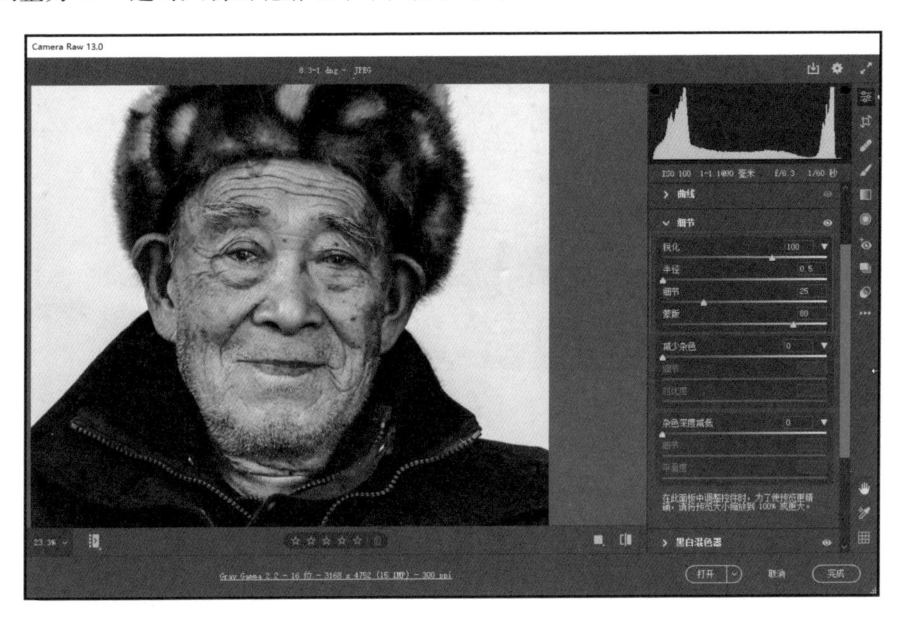

[步骤4]

再次将画面放大并观察照片，可以看到细节丰富了很多。

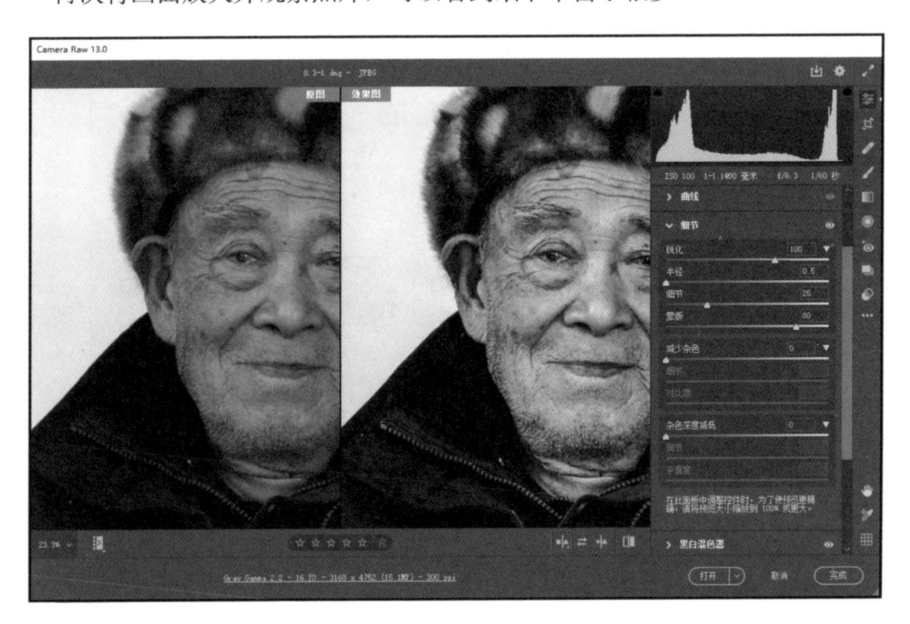

［步骤5］

最后对比一下两张照片，可发现有非常明显的变化，尤其是老人的眼睛更加有神，各种毛发清晰可见。

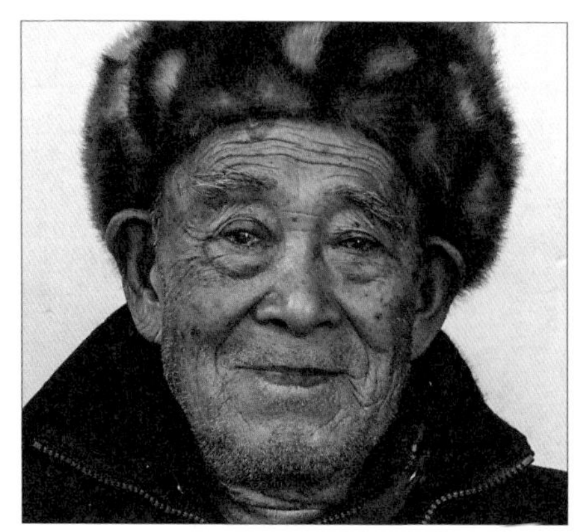

修改后

修改前

案例2

［步骤1］

打开右图所示的照片，我们发现人物的皮肤还不错，先将基本面板中的“清晰度”滑块向左右两个极端值滑动，对比一下效果。不难发现，往 -100 的方向调整是正确的。

［步骤2］

先将“清晰度”调整到 -20，此时人物皮肤变得非常柔和。

[步骤3]

然后打开细节面板，将“锐化”调整到 121，“半径”调整到 0.5，“细节”调整到 26，“蒙版”调整到 80，这时人物的轮廓和细节更加突出（这里有一个小技巧，调整半径、细节、蒙版时，按住键盘上的 Alt 键，你会惊奇地发现整个画面变成黑白的线条图了）。

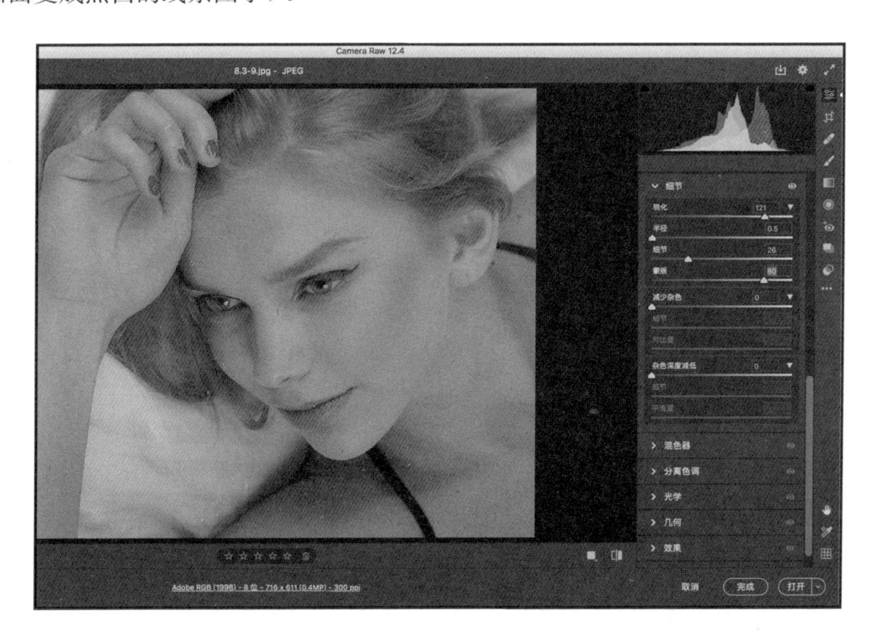

[步骤4]

最后我们对比一下前后的效果，发现人物皮肤变得柔和，轮廓更加清晰。通过细微的调整，整个人物的神态就不一样了。一般情况下，在调节女性和儿童的照片时都可以使用上面的方法，建议大家多多尝试和练习。

修改后

修改前

7.4 静物摄影如何调整锐化与清晰度

静物摄影对清晰度和锐化的要求其实是非常苛刻的，不同的静物材质不一样，质感不一样，需要拍摄者在后期处理时提高或降低锐化，从而营造出细腻逼真的质感。本节将通过一个案例来给大家讲解。

［步骤1］

首先打开这张仙人掌照片，这张照片的整体颜色和曝光都非常准确，但是画面不够清楚。

［步骤2］

先将照片导入 Camera Raw 中，打开基本面板，将“清晰度”调整到60，放大看看细节，可发现变化很明显。

［步骤3］

打开细节面板，将“锐化”调整到 70，“半径”调整到 1.0，“细节”调整到 50，“蒙版”调整到 80，可以看到细节得到了完美体现。

注意：在细节上的处理往往都是很精细的，细微地调节即可。另外，你要考虑照片最终会用在哪里，最后需要多大的尺寸。如果只是一张极小的照片，那么在很多设置上就不需要太精细，因为最终出来的效果不太会受微调的影响。

[步骤4]

最后，对比修改前与修改后的照片。不难发现，清晰的照片更能刺激人的感官，画面的细节影响了整体的效果。

修改后

修改前

7.5 滤镜中常用的 USM 锐化

在 Photoshop 中有一组锐化滤镜，在这组滤镜中有一个常用的“USM 锐化”，它一般用在调整画面的最后一步，起着非常重要的作用，尤其是在人像和风光照片的调修中。

[步骤1]

打开这张漂亮的蒲公英照片，这张照片整体给人的感觉比较柔和，边缘虚化得很唯美，但如果能够再锐利一些就更好了。

[步骤2]

首先复制一个背景图层，然后在菜单栏中选择“滤镜”－“锐化”－“USM 锐化”，在打开的对话框中设置数量、半径、阈值。

数量确定增加像素对比度的数量。一般来说，数量控制在 50% ～ 200% 时的效果比较好，不然会出现边缘发亮的现象。

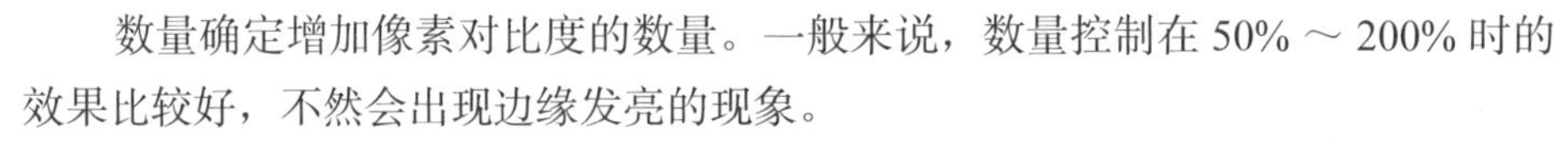

半径确定边缘像素周围影响锐化的像素数目。

阈值确定锐化的像素必须与周围区域相差多少，才会被滤镜看作边缘像素并将之锐化。为避免产生杂色，一般把阈值设得大一些比较好，比如在 1 ～ 6 色阶，具体数值可根据画面大小来决定。

[步骤3]

很多时候我们都会考虑，到底半径设置在多少合适呢？有没有标准？这个很难说，至少应该在将照片放大到 100% 的情况下去调整，不然基本看不出来。将“半径”滑块从左到右移动，来观察画面效果的变化，这样就非常直观了。

[步骤4]

最后对比一下修改前后的效果。USM 锐化一般都是在后期处理的最后一步进行调整，可以起到画龙点睛的作用，尤其是在人像后期处理中。

修改后

修改前

第 8 章
畸变的校正

很多照片都会出现畸变与透视，有时候这会让照片变得很难看，这就是镜头畸变带来的。通过后期的手法简单地调整就可以解决这些问题。

8.1 镜头畸变如何调整

一般来说，镜头畸变是光学透镜固有的透视失真的总称，也就是由透视造成的失真。这种失真对于照片的成像质量是非常不利的。毕竟摄影是为了再现，而非夸张。但因为这是透镜的固有特性（凸透镜汇聚光线，凹透镜发散光线），所以无法消除，只能改善。完全消除镜头畸变是不可能的，目前最高质量的镜头在极其严格的条件下测试，在镜头的边缘也会产生不同程度的变形和失真。因为存在镜头的畸变，所以我们需要通过后期来校正畸变。

[步骤1]

打开右图所示的这张漂亮的草原风光照片，我们不难发现，在画面的周边有一些变形和暗角，这是由于这张照片是用 16mm 的广角端进行拍摄的。

[步骤2]

在 Photoshop 中有这张照片的参数，我们在菜单栏中选择“滤镜”—“镜头校正”。

[步骤3]

在镜头校正界面中选择“自动校正”，此时镜头配置文件会显示拍摄这张照片所使用的镜头和型号，并配置一个对应的 Adobe 文件来进行校正。大多数情况下，照片的畸变都会有明显的变化。

[步骤4]

还可以通过“镜头配置文件”下拉列表来选择对应的镜头参数和配置文件。此时我们发现周边的暗角和畸变得到很好的改变，看起来好多了，完成校正后单击“确定”即可。

[步骤5]

另外，还可以通过手动调整来校正畸变。在 Camera Raw 中打开这张照片，在光学面板中将“扭曲度”调整到+1（控制畸变程度），将“晕影”调整到+25（主要用来修正周边暗角范围）。

[步骤6]

“色边”是指在用数码相机拍摄的过程中，由于拍摄对象反差较大，在高光与暗部位交界处出现的色斑现象。在 Camera Raw 的光学面板中有一个“去边”选项，就是用来修正照片的紫边和绿边的。放大画面局部，如下图所示，能够看见这部分画面中出现了明显的紫边和绿边。

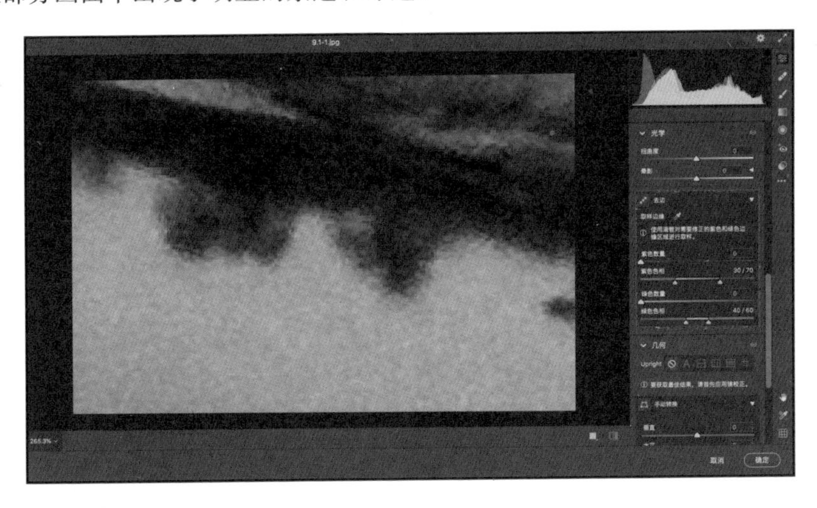

[步骤7]

在“去边”选项中将“紫色数量”调整到6，将“紫色色相”调整到30/70，将“绿色数量”调整到9，将“绿色色相”调整到40/80。此时发现花边边缘的颜色都被消除掉了，这样我们就去掉了难看的色边。

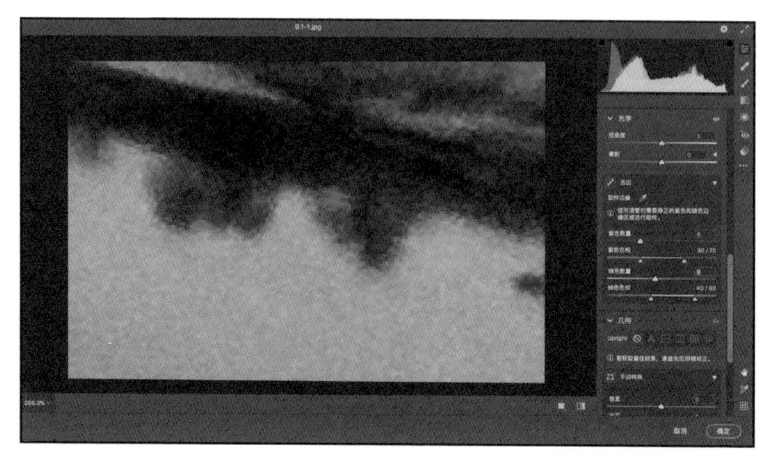

修改前

修改后

8.2 透视变形如何调整

透视变形指的是一个物体及其周围区域，由于远近特征的相对比例变化，发生了弯曲或变形。透视变形是由拍摄和观看图像的相对距离决定的，因为成像的视角也许会比观看物体的视角更窄或是更广，这样看上去的相对距离就会与实际的不太一样。一般会在拍摄建筑物时遇到此类问题，并且成片效果非常差，所以我们要通过后期来校正这种透视变形。本节将通过以下的例子来讲解如何实现具体操作。

［步骤1］

在右图所示的这张城堡建筑的照片中，我们发现有明显的畸变。因为是从下往上拍摄的，所以会出现上小下大的透视。如果是笔直的建筑就会出现上窄下宽的效果。出现这种情况时，一般通过“镜头校正”或“自适应广角”来解决。

［步骤2］

在 Photoshop 中打开这张照片，在菜单栏中选择“滤镜”—“镜头校正”（组合键 Shift+Ctrl+R），进入镜头校正界面。

［步骤3］

选择“自动校正”，然后选择正确的镜头配置文件即可完成操作，这样可以快速解决畸变和周边暗角的问题。

[步骤4]

感觉画面中的建筑有些向左侧倾斜，所以我们在校正透视变形前先解决画面倾斜问题。选择左侧工具栏中的拉直工具对画面上本应该是水平的地平线进行拉直校正。

[步骤5]

选择“自定”，在右下角的变换面板中，将“垂直透视”调整到 -45，将“比例”调整到 65%，单击“确定”按钮，这样整个画面就校正完毕了。

[步骤6]

接下来对整个画面进行裁切，选择工具栏左侧的裁剪工具，然后选择裁切范围，把多余的部分裁切掉，这样透视变形就基本裁切完毕。

修改后

修改前

第 9 章
将作品导出

本章是很朴实的一章，但是很重要。虽然没有华丽的调修效果，但是本章将介绍我们经常都要用到的知识——根据不同要求导出照片。

9.1 作品用于印刷

这是最高质量的文件输出，在将我们最好的摄影作品集整理、输出时，需要注意到色彩空间、分辨率、图像尺寸、格式等要求。下面向大家着重讲解。

将照片输出为作品集

【步骤1】

首先需要的是原片，如果连原片都不是，或许也就无法称为作品集了。打开原片后，在 Camera Raw 编辑器的最下方有一个超链接，单击以后会弹出“Camera Raw 首选项”对话框，选择“工作流程”。

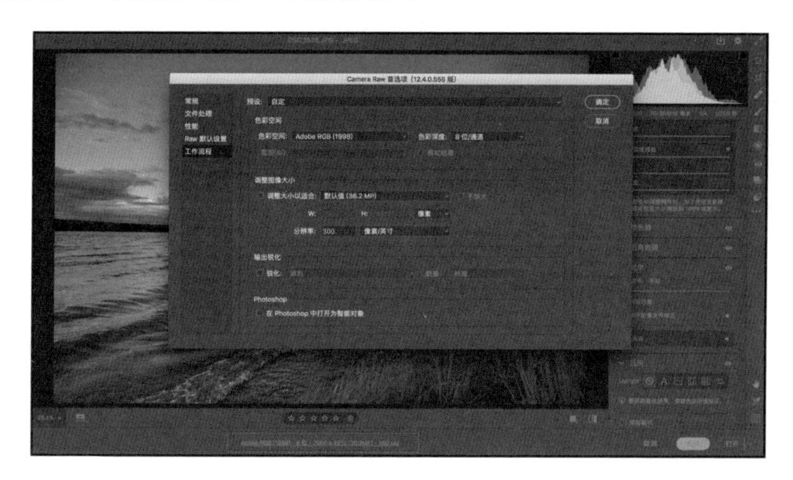

【步骤2】

在这个对话框中需要注意几点设置，色彩空间一定要设置为 Adobe RGB 模式，色彩深度设置为 16 位 / 通道，图像大小设置为默认值，分辨率设置为300 像素 / 英寸（1 英寸=2.54 厘米），单击“确定”按钮完成设置。

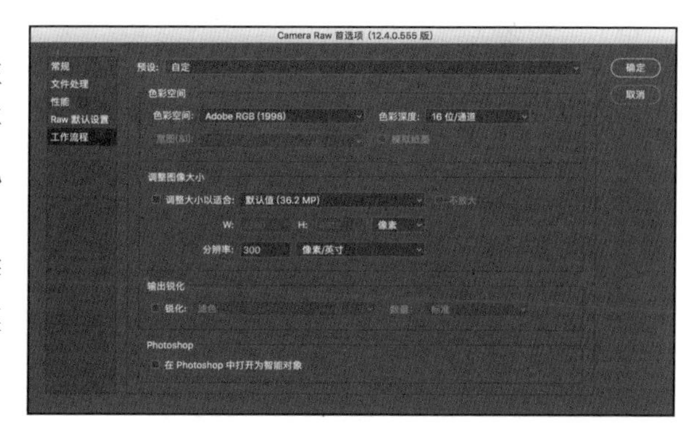

［步骤3］

接下来单击“存储图像”，弹出“存储选项”对话框。在这里注意以下几点设置，“格式”选择“TIFF”（印刷统一选择这种无损的格式）；“压缩”选择“ZIP”（如果不压缩，照片占用的硬盘空间会非常大）。

单击“存储”按钮即可完成对照片的输出工作。

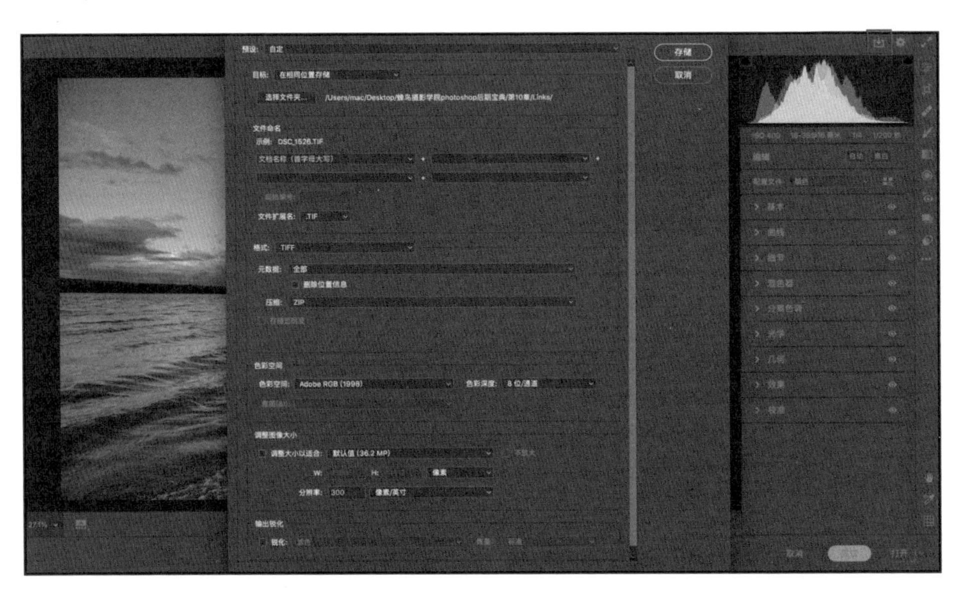

［步骤4］

如果需要批量输出作品集，全部打开原片以后，单击“全选”按钮，后面的操作与前面的步骤一致即可。

将照片输出为海报素材

我们拍摄的照片有时候会输出为海报素材，这也是印刷的一种输出。对于海报素材，多数情况下我们希望照片越大越好，颜色信息越丰富越好。同样，在条件允许的情况下尽量使用原片。具体的操作与作品集的输出类似。

［步骤1］

打开原片后，单击 Camera Raw 编辑器最下方的超链接，弹出“Camera Raw 首选项”对话框，选择“工作流程”，设置如下：色彩空间设置为 Adobe RGB 模式，色彩深度设置为 16 位 / 通道，图像大小设置为默认值，分辨率设置为 300 像素 / 英寸（这里稍微有些不同，如果把分辨率设置为 240 像素 / 英寸也是可以的），单击“确定”按钮完成设置。

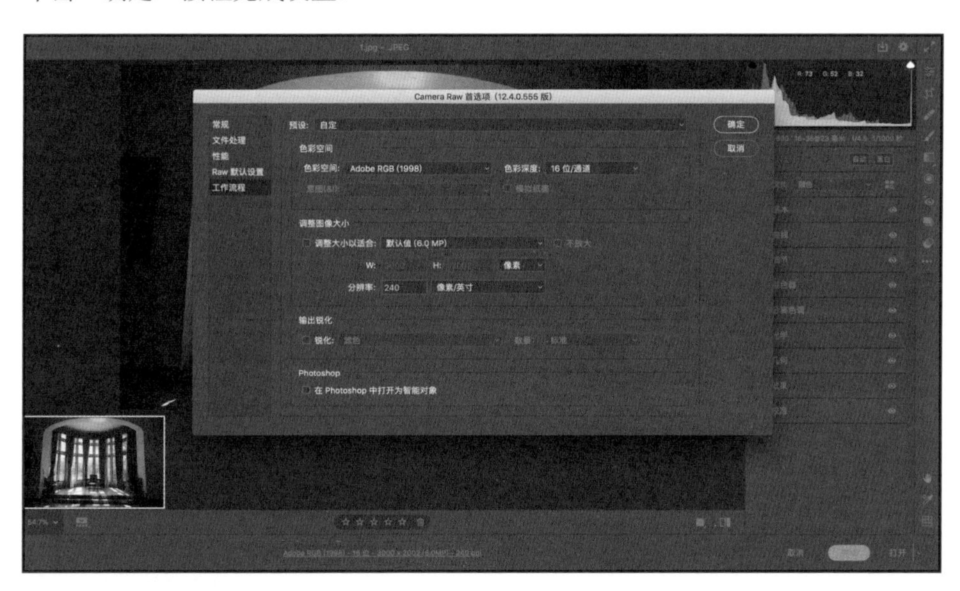

［步骤2］

接下来单击“存储图像”，弹出“存储选项”对话框。在这里注意以下几点设置：“格式”选择“TIFF”，“压缩”选择“ZIP”，单击“存储”按钮即可。

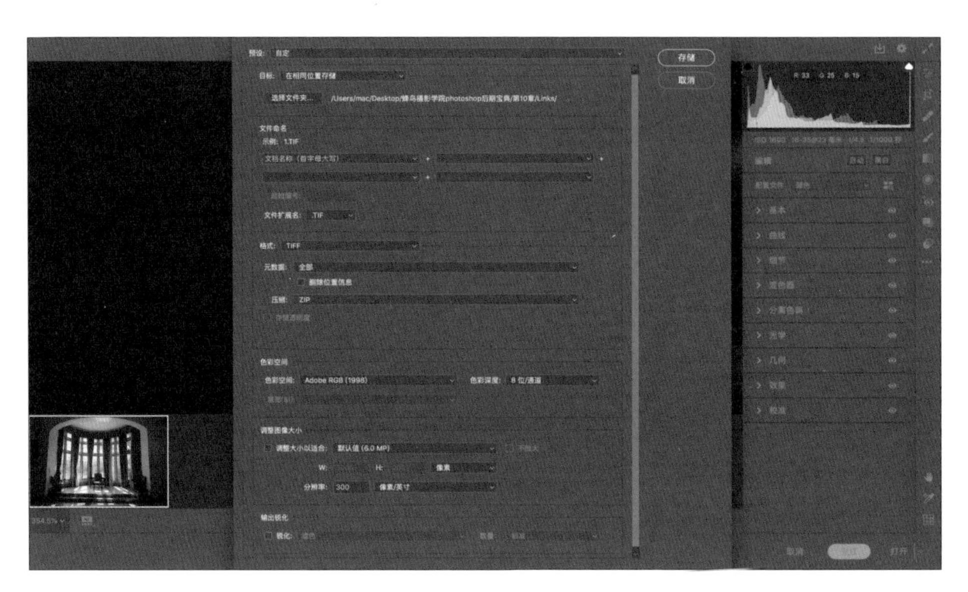

［步骤3］

如果素材并不是十分令人满意的原片怎么办呢？将照片在Photoshop中打开，选择“图像”—“图像大小”，这时会弹出一个对话框。

单击宽度和高度右侧的下拉按钮，在下拉列表中选择“百分比”选项。这里要注意，海报的尺寸往往比较大，如果素材为JPEG格式的照片，则尺寸往往比较小。众所周知，在后期中把压缩过的小图放大势必会对图像质量造成一定损失，那么一定不能放大吗？从经验上看，把JPEG格式图像放大到原图的两倍以内是勉强可以接受的，因此我们可以将百分比设置为200，即最大限度地扩大图像，但这也是我们能做的最大调整了，原则上还是要尽量使用大图、原片。

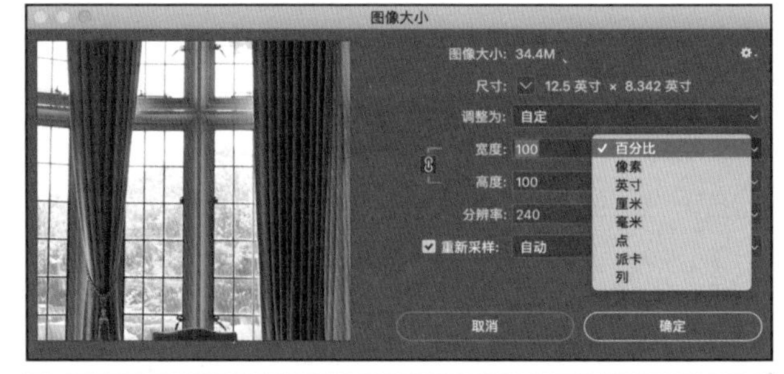

接下来勾选“重新采样”复选框，在下拉列表中选择“两次立方（较平滑）（扩大）”选项，单击“确定”按钮即可。

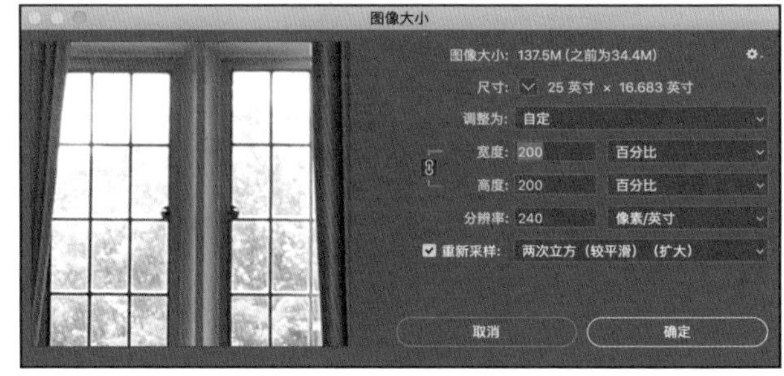

9.2 作品用于显示屏观看

拍摄的作品如果仅用于在计算机或手机上观看，那么对于图像的质量要求就远低于印刷品了。分辨率和像素大小控制在屏幕观看的级别即可，过高的清晰度反而会减慢浏览速度并且占用过多存储空间，得不偿失。

在 Camera Raw 中存储

如果在 Camera Raw 中完成了调片工作，不需要进入 Photoshop 中继续修改，要存储为计算机观看模式，只需要在 Camera Raw 中进行设置就可以了，具体操作如下。

[步骤1]

在 Camera Raw 编辑器的最下方有一个超链接，单击以后打开“Camera Raw 首选项”对话框，选择“工作流程”，将色彩空间改为 sRGB，将色彩深度改为 8 位 / 通道；图像大小设置为 1534×1024，分辨率设置为 72 像素 / 英寸，单击“确定”按钮。

[步骤2]

在 Camera Raw 中单击“存储图像”按钮，弹出“存储选项”对话框，单击“选择文件夹”按钮设置文件存放的位置。接下来设置文件名，格式设置为 JPEG，品质设置为 8 即可，单击“存储”按钮即可完成存储工作。

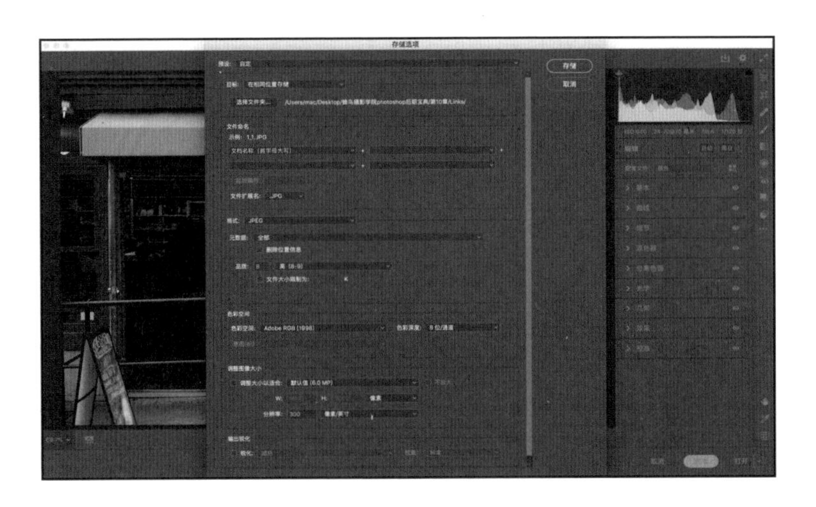

在 Photoshop 中存储

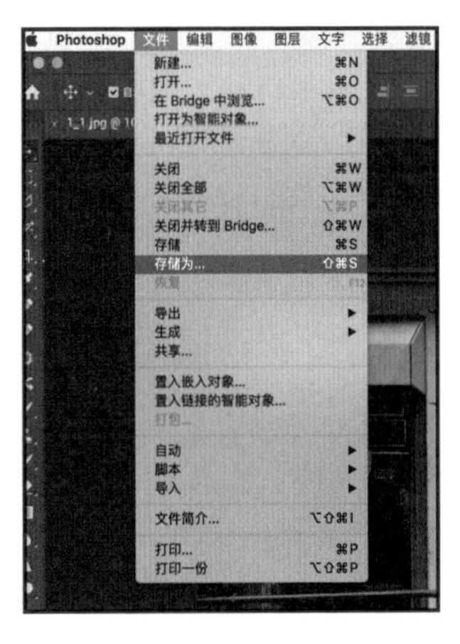

如果在 Camera Raw 中并没有完成后期的调整工作，且在 Photoshop 中已经进行了部分后续修改，下面需要存储为计算机观看模式，就需要在 Photoshop 中进行如下设置了。

［步骤1］

首先不要急着存储为 JPEG 格式，而是单击“文件”–“存储为”，在弹出的对话框中设置存储的路径，然后将格式设置为Photoshop格式（又称为PSD格式），单击“存储”按钮。存储为 Photoshop 格式的好处是方便对作品进行反复修改，之前操作的图层、路径等都是可以进行再次打开编辑的。

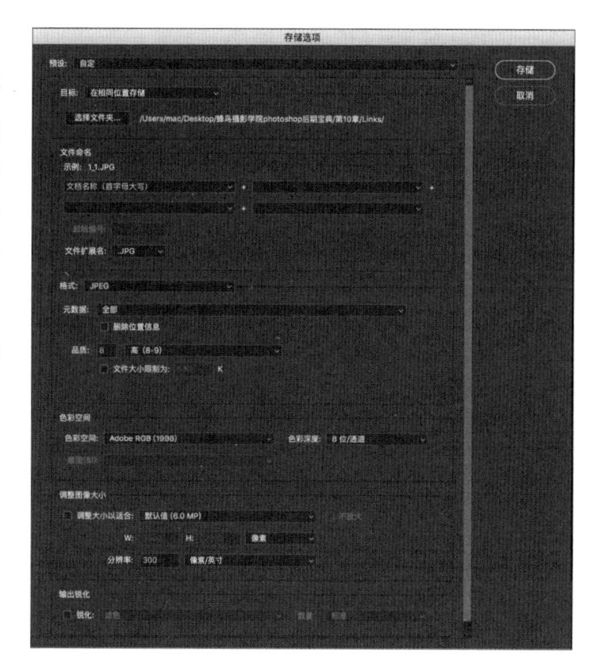

［步骤2］

在Camera Raw中单击“存储图像”按钮，弹出“存储选项”对话框，单击“选择文件夹”设置文件存放的位置。接下来设置文件名，格式设置为JPEG，品质设置为8或10即可，最后单击“确定”按钮就完成了存储工作。

将照片批量输出为计算机观看模式

调整好一批照片，现在需要最终整理好并输出到计算机中统一观看了。有什么办法能够快捷地输出文件呢？这里我们介绍Photoshop的一个实用的批量处理功能。

［步骤1］

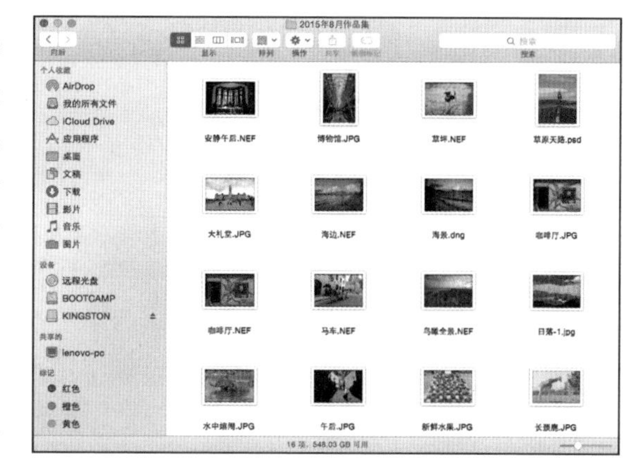

首先要做的事情是把待处理的文件统一放到一个文件夹中，并且重命名。为了更好地说明该操作的通用性，在这个文件夹中包含常用的格式，有Photoshop格式、原片格式、JPEG格式、TIFF格式等。

［步骤2］

在Photoshop中单击“文件”—“脚本”—“图像处理器”，此时弹出“图像处理器”对话框，单击“选择文件夹”按钮，找到第一步中保存好的文件夹，单击“打开”按钮。

选中“在相同位置存储”，多数情况下这是一个默认选项，保持默认设置即可。

［步骤3］

“文件类型”选择“存储为JPEG”,“品质”设置为“8”,勾选“调整大小以适合”。宽度（W）和高度（H）分别输入1600，这表示如果输出的图像为横版，那么宽度为1600像素；如果输出的图像为竖版，那么高度为1600像素。

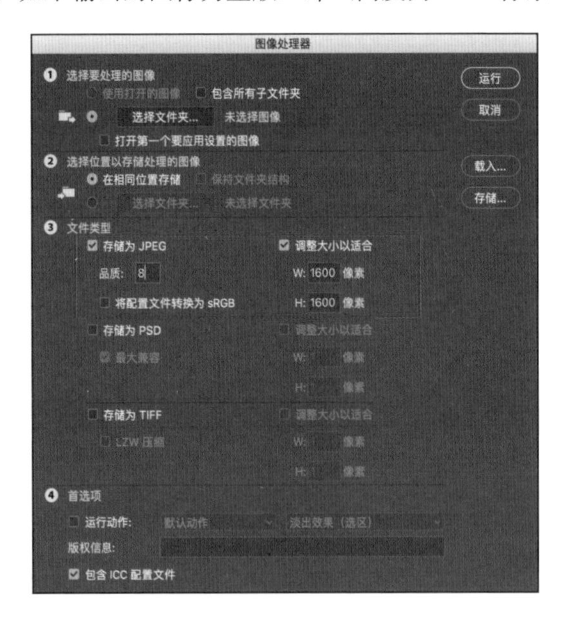

［步骤4］

单击“运行”按钮，此时我们不用再去进行任何操作了，计算机会自动为你处理好所有事情。完成后，我们发现在原文件夹内自动增加了一个名字为JPEG的子文件夹，打开后可以看到所有的图像都被存储到这里了。

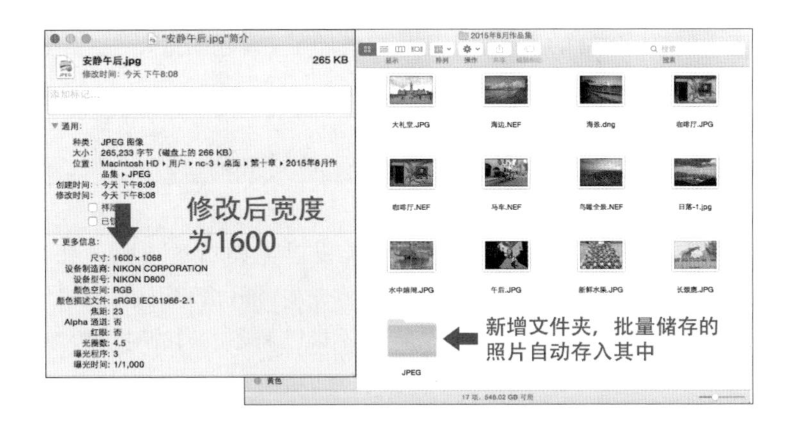

将照片批量输出为手机观看模式

将照片批量输出为手机观看模式的操作与批量输出到计算机观看模式的基本一致，只有两点不同可以加以区别。尽量使用批量处理工具，这样不仅方便管理，还可节省时间。

在图像大小的设置中，最长边可以设置到1280像素或1024像素，因为手机观看不需要过高的尺寸，适当降低尺寸可以有效地节约存储空间。如本案例中宽度设置为1280像素就是比较合适的，品质可以设置为6。

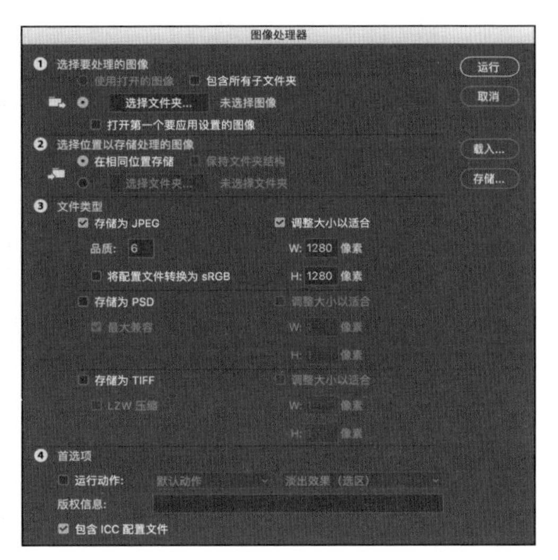

9.3 尺寸和边长的设定

我们拍摄的素材与最终输出的尺寸往往不一致，有的时候需要把照片改小，有的时候屏幕观看的照片或者相机设置的分辨率与印刷的不一致，有的时候需要输出的长宽比与拍摄照片的不一致。这几个问题在文件输出过程中是比较常见的。下面就带领大家解决这些棘手的问题。

如何把大尺寸照片缩小

这是最简单的问题，从大到小的变化只需要很简单的设置即可。在 Photoshop 中设置尺寸的时候，从大到小的变化都是很方便的，但是切记尽量不要把小尺寸的照片放大，小尺寸放大势必会有损失。万不得已需要放大的时候请参照“将照片输出为海报素材”的内容。

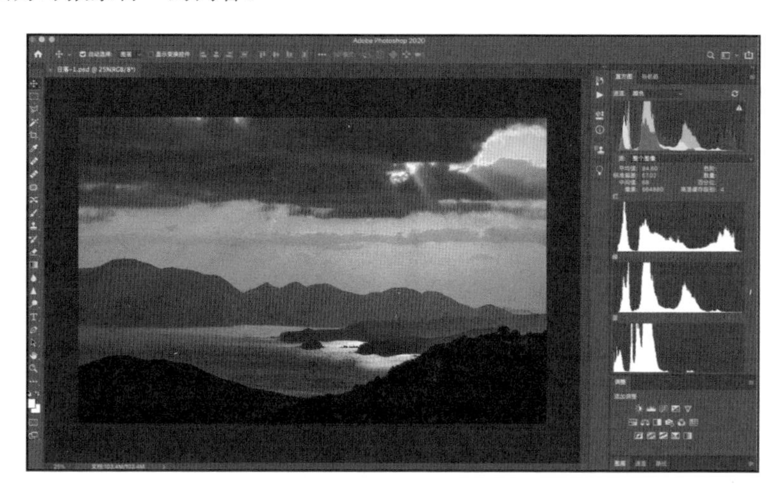

[步骤1]

在菜单栏中选择“图像”－“图像大小”，在“图像大小”对话框中，尺寸大约为 30 英寸 ×20 英寸，确保宽度与高度的链接是连上的，确保勾选“重新采样”。

[步骤2]

然后只需要输入想要的小尺寸即可，比如我们修改宽度为 10 英寸，此时高度就自动变成了 6.674 英寸。这样既保证了图像大小成比例变化，也能保证缩小宽度后，高度尺寸会按比例自动适应，因此不需要再次输入高度了。注意，分辨率保持为 240 像素 / 英寸不变。

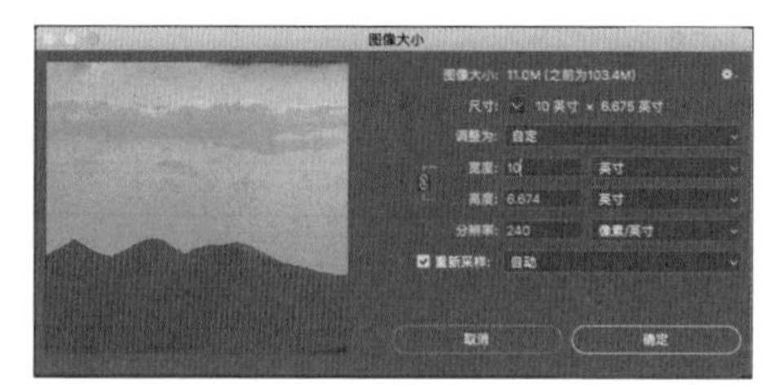

如何将低分辨率照片输出为可供印刷的高分辨率照片

下图所示是一张在计算机屏幕上观看的分辨率为72像素/英寸、宽度为21.306英寸、高度为14.222英寸的照片。这样的照片是很常见的，对于21.306英寸×14.222英寸的照片，在计算机上观看绰绰有余，但如果用于印刷呢？因为印刷的分辨率大多用到240像素/英寸或者更高，这里就牵扯到了一个转换的问题。

[步骤1]

首先在菜单中选择“图像”—“图像大小”，在弹出的对话框中取消勾选“重新采样”复选框。

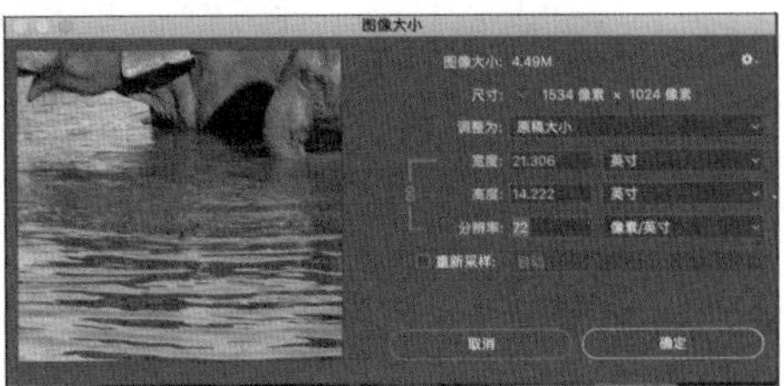

[步骤2]

接下来手动将分辨率输入为240，此时宽度和高度跟着发生了变化。我们读取到的结果就是这张照片如果采用分辨率为240像素/英寸来印刷，那么输出大约为6.392英寸×4.267英寸的尺寸。

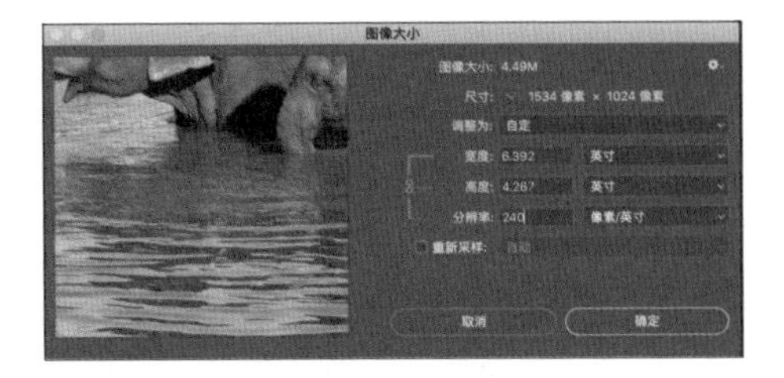

[步骤3]

如果把分辨率数值调整到300像素/英寸，那么能够输出的尺寸约为5.113英寸×3.413英寸。

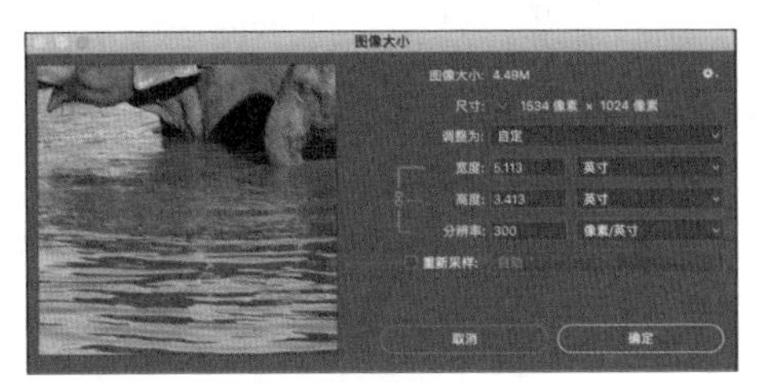

照片尺寸比例与目标印刷尺寸比例不适合时如何处理

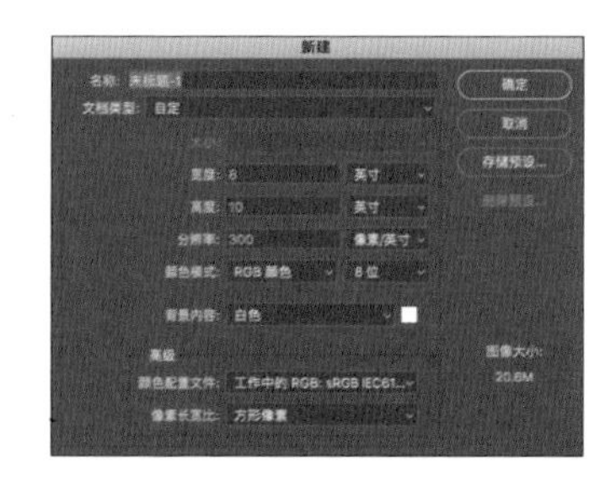

如左图所示，新建尺寸为 8 英寸× 10 英寸、分辨率为 300 像素 / 英寸的文件。将选好的照片拖入文件中，并且适当缩小到与 8 英寸 ×10 英寸相匹配时，发现照片的高度与文件一致了，但是宽度明显不够，因为原照片相对竖长，导致拖入后出现左右两条空白空间。照片尺寸比例与目标印刷尺寸比例明显不一致，如何解决这个问题呢？

如果强行等比例放大，让照片宽度也适合文件，则势必会在高度上牺牲过多的原始素材。

如果使用变形工具，强行左右拖曳，那么照片的内容就会发生横向形变，而且中间的主体人物势必会“变胖”，造成形体扭曲。

［步骤1］

下面介绍内容识别缩放，这种方式既可以完成照片的缩放又不会破坏人物主体。

首先使用套索工具，在人物的周围大体地把人物主体“抠出来”，注意不要忘记同时抠出地上的人物阴影。抠完人物以后，按住 Shift 键的同时继续使用套索工具，把阴影抠出，这样就同时有了两个选区。

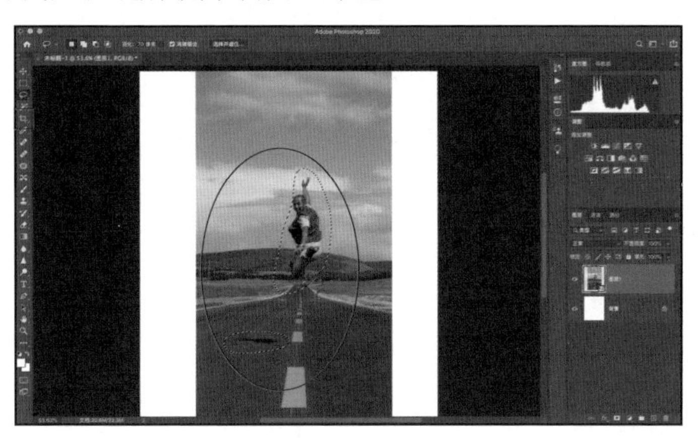

［步骤2］

用鼠标右键单击画面，在弹出的快捷菜单中选择“存储选区”，在弹出的对话框中输入名称“要保护的主体”。单击“确定”按钮完成设置，按 Ctrl+D 组合键取消选择。

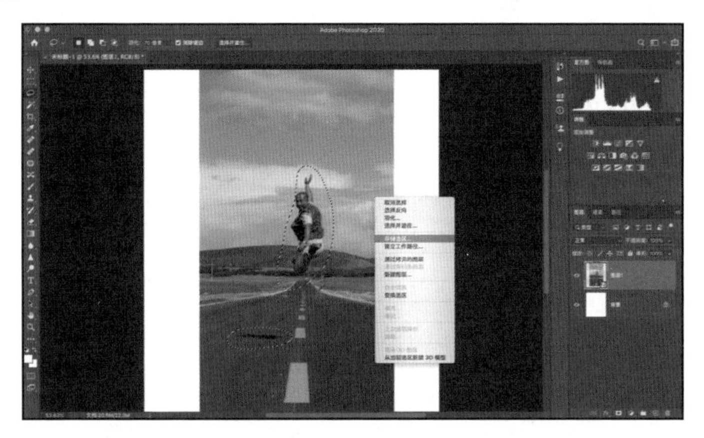

［步骤3］

选择“编辑”菜单当中的“内容识别缩放”，此时自动弹出了可拖曳的选框，在“保护”的下拉列表中选择之前存储的选区名称“要保护的主题”。数量设置为 100%，尽可能多地保护主体。

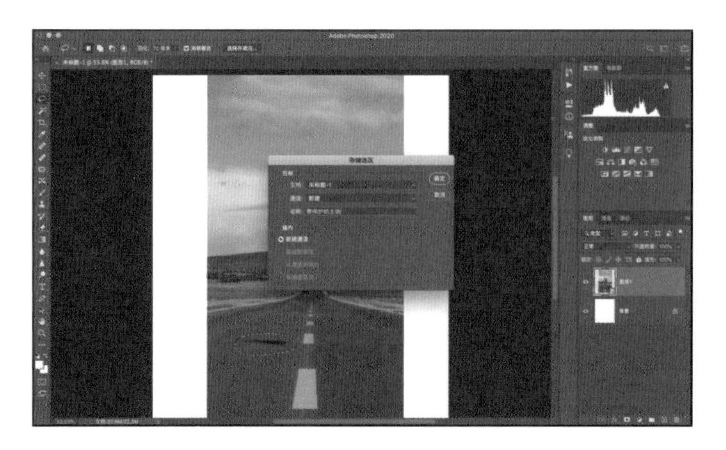

[步骤4]

接下来分别将选框向左右两端拖曳到合适的位置。我们发现，背后的风景被合理地拉伸了，但是主体人物没有因为这次拉伸而变形。

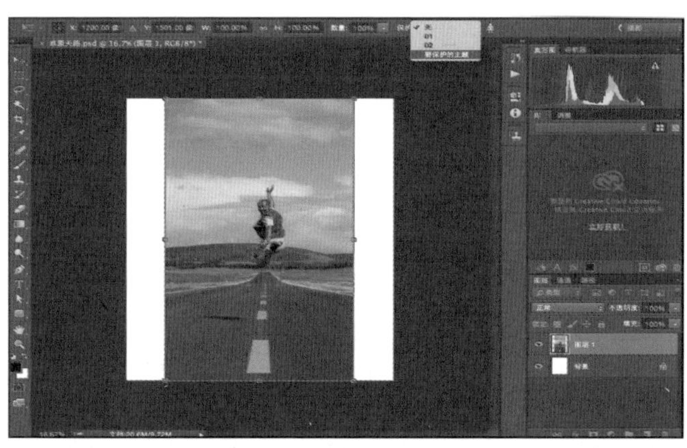

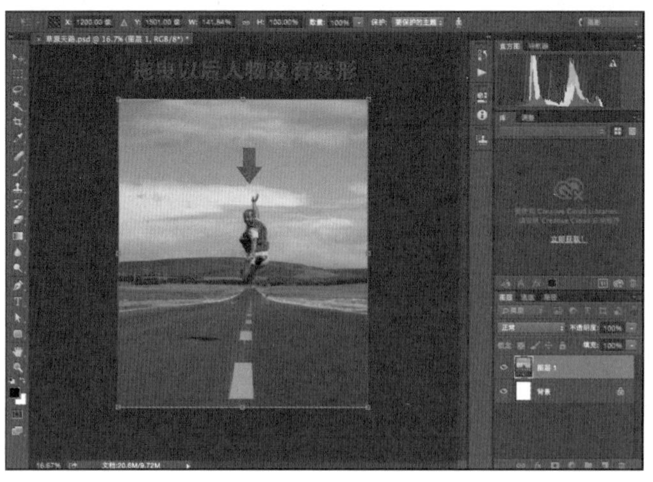

第 10 章
影调

所谓“影调”就是照片的明暗关系，简单说就是亮与暗在画面中的比例关系。不同的影调会给人不同的感受。

10.1 认识影调

影调本身“能说话”，根据题材、形式的不同，每个人都对之有不同的理解。如果想获得大众或他人的共鸣，我们可以共同寻找影调的规律，从经典的摄影作品或绘画作品中发掘共同的特性。如果你懂一些绘画的知识，那你对影调一定会有一些认识。没有也没关系，本节就先来普及这项基本知识。

高调

高调作品以白至浅灰的影调层次占了画面的绝大部分，加上少量的深黑影调。高调作品给人以明朗、纯洁、轻快的感觉，但随着主题内容和环境的变化，也会产生惨淡、空虚、悲哀的观感。高调作品一般多为雪景、白色的静物。

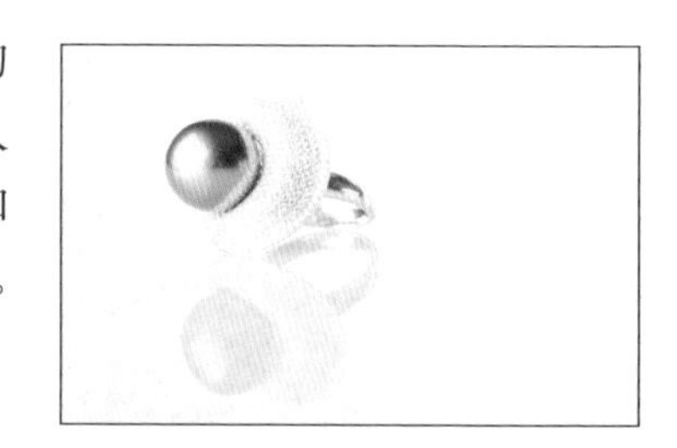

暗调

暗调作品以深灰至黑的影调层次占了画面的绝大部分，少量的白色起着影调反差的作用。暗调作品给人以凝重、庄严和刚毅的感觉，但在另一种环境下，它又会给人以黑暗、阴森、恐惧之感。

中间调

中间调作品以灰调为主，处于高调和暗调之间，反差小，层次丰富，影像由白至浅灰、深灰至黑的影调层次构成。中间调是摄影作品中最常见的一种影调。

软调

软调作品注重灰色的表现，黑、白、灰各影调层次都能很好地反映，给人的印象是层次丰富、质感细腻。

硬调

硬调作品强调反差，画面以黑白为主，去掉灰色的表现，给人以强烈的视觉印象。

冷调

冷调作品看上去有一种凉爽的感觉，它属于冷色调。见到冷色一类的颜色（如蓝、青等），会使人联想到海洋、月亮、冰雪、青山、碧水和蓝天等景物，让人产生宁静、清凉、深远和悲哀等感受。

暖调

暖调作品看上去有一种温暖的感觉，它属于暖色调。人们看到比较温暖的色彩（如红、橙和黄等），会联想到阳光、火等景物，产生热烈、欢乐、温暖、开朗和活跃等感受。

对比色调

对比色调是以两种色相差别较大的颜色搭配所形成的色彩基调。冷暖对比是两种色相差别较大的颜色（如红与绿、黄与紫、橙与蓝）对比，能在视觉上造成一种色相反差，使各自的色彩倾向更加明显，从而更充分地发挥各自的色彩个性。

调和色调

调和色调是由相邻的近色（靠色）或色相环 90° 以内的色彩构成的。调和色调不如对比色调那样强调视觉刺激，但却因其无色彩跳跃而让人感到和谐、舒畅，可强化淡雅、素净与温馨的效果。

纯调

色彩的纯度越高，表现越鲜明，给人舒畅、明朗的感觉，画面富有生命力。

灰调

色彩的纯度较低，则表现较黯淡。这类色调比较含蓄并富有内涵，也会给人一种忧郁感。

案例

如果我们拍摄一个充满青春活力的少女，根据如上的理论和个人感受，我的选择如下。

（1）高调、暗调、中间调，我选择高调。

（2）软调和硬调，我会选择软调。

（3）冷调、暖调、对比色调、调和色调，我会选择稍稍偏冷的调和色调。

（4）纯调、灰调，我会选择灰调。

确定了这些，基本就能确定大概的拍摄环境、灯光布置、相机设置、后期处理等事项。接下来要准确地表现主题、获得共鸣，就相对容易多了。

客观影调

由自然因素所构成的影调。

主观影调

受人类思维和情绪的影响，通过前、后期手段所表现出的影调。

客观影调和主观影调两者相互联系，相互影响，密不可分。客观影调自然形成，我们无法改变，但是可以选择。我们可以控制主观影调，正因如此，主观影调是摄影师认为值得研究的内容——影调的控制方法。如果你的照片是为了符合一个主题，那么在影调的控制上就会更加主观。

后期明暗影调控制

在 Photoshop 中，很多方法都能达到后期明暗影调控制这个基本要求。例如，减淡工具、加深工具、曲线、色阶、色相饱和度和明度。处理单色影像，也有很多方法，例如添加黑白调整，或者利用去色和渐变映射调整等。

通过简单的渐变映射的方式来调整影调

渐变映射是一种非常常用的调节影调的方式

后期软硬影调控制

后期软硬影调的控制相对前期容易得多，可使用 USM 锐化、高反差保留、高斯模糊和减淡加深工具等，还有很多好用的外挂滤镜，如 HDR（High Dynamic Range，高动态范围）滤镜等。熟练地掌握一两个方法就可以很轻松地处理影调了。

软调－高斯模糊

硬调－ USM 锐化

后期彩色影调控制

Photoshop 的色彩控制能力特别强大。常用的方式有可选颜色、色相饱和度、色彩平衡和曲线。这里要求用户有一些色彩构成的基本知识，才能灵活运用这些调节方法。

这里我们通过可选颜色、色相饱和度、色彩平衡这几个常用的调整颜色的方式对局部色彩进行了调整，方便快捷。

10.2 将反差大的照片调整柔和

有了上述基础知识后，我们调节照片将更加自如，有些反差过大的照片通过调整会更加柔和。我们可以通过颜色调节、色彩平衡或对比度来调整，下面将用具体案例来介绍如何把反差大的照片调整到非常柔和的效果。

[步骤1]

风光照片中会经常出现大反差的照片，尤其是逆光下的效果。下图所示的这张照片拍摄于下午 5 点多，太阳快落山时。前景的大树遮挡住了阳光，在逆光下拍摄，所以整个画面显得比较沉重，反差很大，这在画面右侧的直方图中也能明显地反映出来。

[步骤2]

接下来我们在 Camera Raw 中对画面进行调整，先将整个天空压暗，突出云层的效果和质感。选择“径向滤镜”工具，框选树木的位置，将“曝光”降低至 -0.45，“对比度”调整到 +24，“高光”调整到 -100，“清晰度”调整到 +94，“饱和度”调整到 +6，“锐化程度”调整到 +87，“减少杂色”调整到 +6，这样天空的反差就降下来了，而云的层次也出来了。

天空修改前后的对比，整体感觉还是很明显的，这个径向滤镜是非常常用的。

[步骤3]

提亮暗部，进一步降低反差，这里主要通过画笔工具对局部进行提亮。选择工具栏上的画笔工具，将画笔中“曝光”调整到 +2.55，“对比度”调整到 +24，“高光”调整到 -14，“阴影”调整到 +64，“清晰度”调整到 +94，“饱和度”调整到 +6，“锐化程度”调整到 +87，“减少杂色”调整到 +6，对暗部区域进行绘制即可。如果效果不够理想，可以再次使用画笔工具进行二次调整。完成后单击“确认”按钮。

局部通过画笔润色是非常好的方法，关键是在 Camera Raw 中的处理是无损的，所以大家拍摄时一定要使用原片格式。这样后期可调整的范围比较大，调整起来也比较方便。

［步骤4］

在 Photoshop 中打开调整后的照片，使用工具栏上的污点修复画笔工具对局部电线进行修复，并在菜单栏中选择“滤镜”－“锐化”－“USM 锐化”，在打开的对话框中设置锐化参数。

［步骤5］

最后，我们来对比一下减小反差前后的效果，是不是有点 HDR 的风格？这也是一种很常见的后期处理方式，但是要注意照片本身是否具备这样的条件。如果这张照片中的天空没有云层，那么再降低反差可能就不好看了。从严格意义上来说，整个画面是在做降低反差的操作，但是天空的云层是在做局部增加对比的效果。

10.3 将沉闷的照片调整通透

所谓沉闷的照片主要还是影调上的问题，看上去太压抑、不够通透。就好比大雨来临前，天空云量很多、很暗。而雨后天气晴朗、空气清新，能见度非常高，看得很远，这就是通透。我们的照片也是一样的，调节时就要注意以下几点：对比度、清晰度、颜色层次和明暗细节。

[步骤1]

首先我们来看一下右图所示的照片，其中左侧是调整前的效果，非常压抑，灰灰的，一点都不通透；右侧是调整后的效果，给人的感觉变化非常大，天空的云也出现了，远处的房子也清楚了。下面我们看看整个调整过程。

调整前　　调整后

[步骤2]

首先将照片用 Camera Raw 打开，如果是原片会直接进入 Camera Raw 界面。在基本面板中将“对比度”调整到 +75，“高光”调整到 -81，“阴影”调整到 +50，“白色”调整到 +21，“清晰度”调整到 +69，“自然饱和度”调整到 +21。在这些选项中，“清晰度”和“对比度”是调整通透时非常重要的两个值，该值越高效果越明显，但是也会出现更多的杂色和污点。

［步骤3］

此时整个画面变得通透多了，但是远处的山还不清楚，需要用到局部调整工具——渐变滤镜。

注意：选择区域非常重要，从上到下的位置是很讲究的，一般可以先创造一个大体的感觉，再调整。

［步骤4］

打开渐变滤镜工具，设置好渐变位置后，将“曝光”调整到 -1.4，“对比度”调整到 +24，“高光”调整到 -100，“清晰度”调整到 +66，“饱和度”调整到 +15，“锐化程度”调整到 +36，“减少杂色”调整到 -6。调整好后看看结果，再调整位置即可。

［步骤5］

最终看到，通过调整，照片整体通透了很多。另外，Camera Raw 中多了一个“去除薄雾”的功能，只要拖动“去除薄雾”滑块即可轻松解决该问题，这里我们将“去除薄雾”调整到 +80，效果特别明显。

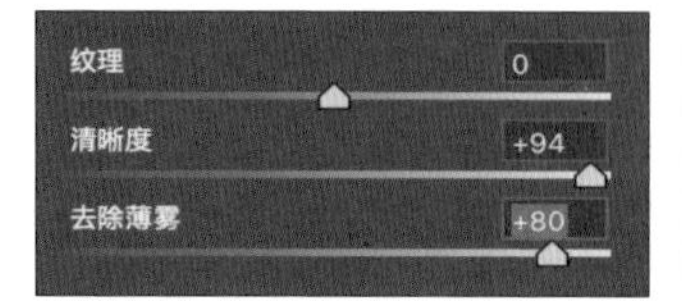

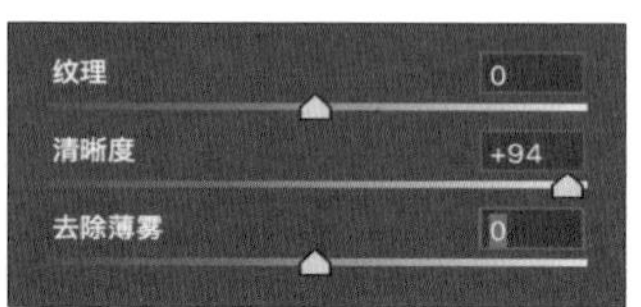

调整后

调整前

总结：伴随着软件的升级，Photoshop 越来越智能化，很多常见的功能都得到了提升，如在 Camera Raw 中加入的“去除薄雾”功能非常强大，通过特殊的算法可将雾气去除，同样也可以添加雾气效果，一举多得。建议大家将软件升级到最新版本，充分利用各种新功能，这样工作效率也会大大提升。

第 11 章
摄影后期中的色彩问题

说到调色，无外乎需要了解色相、饱和度和明度的基本知识，在 Camera Raw 和 Photoshop 中都有相关的工具可对颜色进行调整、修改。本章重点介绍一些简单的调色工具以及方法，希望大家能够快速掌握如何调整颜色，以及何时应使用 Camera Raw、何时应使用 Photoshop。

11.1 调色概述

本节将重点介绍色相、饱和度、明度的知识，以及在 Camera Raw 中调色和在 Photoshop 中调色各自的优势。

认识色相、饱和度、明度

凡是谈到颜色，不可避免地要说到色相、饱和度、明度，在Camera Raw中有专门的设置，在Photoshop中也有色相 / 饱和度调整图层，这其实是我们认识颜色的 3 个关键元素。

以上这 3 个关键元素综合在一起就定义了一种颜色，如右图所示的树林就是饱和度很高、明度居中的绿色。

那么这样定义颜色对于后期调整有什么帮助呢？因为后期处理中的颜色问题多与这三者有关系。下面我们就列出一些最常见的颜色问题。

色相：顾名思义，就是“色彩的相貌”，用于定义色彩到底是红色的、黄色的还是绿色的。
饱和度：直白点说就是色彩的纯度，用于定义色彩到底是大红色还是淡淡的红色。
明度：色彩的明亮程度，用于定义色彩到底是深红色还是浅红色、深黄色还是浅黄色。

问题一

照片的饱和度过低（饱和度问题）。

问题二

照片的饱和度过高（饱和度问题）。

问题三

照片的色彩平淡无味（这是由色相、饱和度和明度等多种问题造成的）。

问题四

照片中缺少光源色（色相问题）。

问题五

照片中颜色不对，或者需要修改部分颜色（色相问题）。

问题六

调整照片的色彩倾向（色相问题）。

问题七

制作暖色调的老照片（色相问题）。

我们看到，多数的色彩问题都离不开这 3 个关键元素，理解以上的内容对后期调整照片有着指导性的意义。

在 Camera Raw 中调色的优势

在早年介绍 Photoshop 的时候，大多会大篇幅地介绍色阶、曲线、色相饱和度、色彩平衡等 Photoshop 中的经典调整工具。随着时代的发展，Camera Raw 承接了绝大部分的照片后期调整工作。

那么照片都要用 Camera Raw 调整吗？完全不需要 Photoshop 了吗？当然不是。下面介绍 Camera Raw 的适用范围及其优势。

任何照片都可以在 Camera Raw 中调整，而不单单是原片。但是要强调的是，原片的质量是 JPEG 图像无法相比的。而且在 Camera Raw 中调整 JPEG 图像，有些功能相对于调整原片是打了折扣的。即便如此，普通照片能在 Camera Raw 中进行编辑也是一件令人兴奋的事情。

不论是否是原片格式，均可在Camera Raw中调整

整体调整照片的颜色、曝光、白平衡等设置的时候应尽量使用 Camera Raw。如果仅仅是整体调整照片，这样的工作多数情况下 Camera Raw 都能胜任，而且效果还不错。

在 Photoshop 中调色的优势

那么，是不是说在调色中 Photoshop 就一无是处了呢？当然不是！Photoshop 的优势是局部控制，虽然 Camera Raw 中也有蒙版，但是其方便程度远远不及 Photoshop 的。下面介绍一下在什么情况下应尽量使用 Photoshop。

局部调色，特别是需要蒙版配合操作的工作应尽量使用 Photoshop。Photoshop 的蒙版配合调整图层，到目前为止还是非常好用的。

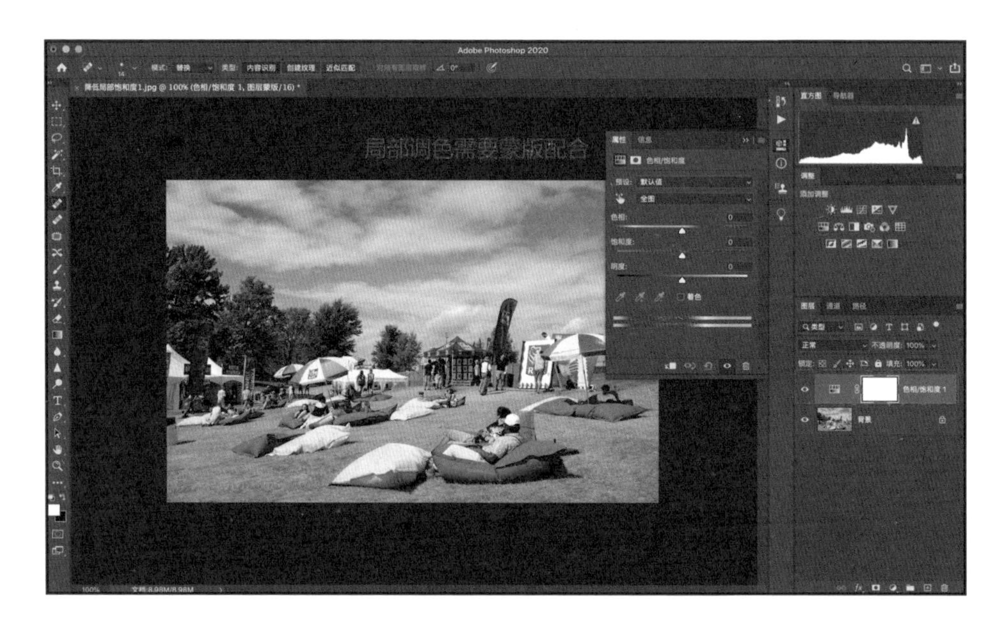

曲线工具很强大，在调色的时候难免会用到。尽量使用 Photoshop 中的曲线调整图层，而不是 Camera Raw 中的曲线。在 Photoshop 中你会控制得更加精准，而在 Camera Raw 中还是偏向于整体把控。

11.2 在 Camera Raw 中调色的方法

在 Camera Raw 中调色常用到的工具分别是自然饱和度、饱和度、混色器（在之前版本中叫作 HSL 调整）、渐变滤镜以及分离色调。在这些工具中，对于饱和度的调整和 HSL/ 灰度的调整是学习的重点，它们也是使用频率非常高的工具。

增加饱和度的方法

在 Camera Raw 中增加照片的饱和度，最常用的方式是调整自然饱和度，与之配合的是饱和度。我的习惯是最后在调整好饱和度的基础上对清晰度进行追加，因为增加了饱和度，在视觉上也需要一定的清晰度来辅助。下面我们就分 3 步来解决这个问题。

[步骤1]

首先打开基本面板，将“自然饱和度”增加到 40，此时我们发现整个照片的饱和度得到了温和的提升。直白地理解，调整自然饱和度不会出现“过饱和”的现象，而调整饱和度则会出现“调整过度”的现象。因此我们往往在增加饱和度的时候把自然饱和度的数值调得高一些，饱和度滑块拖动得少一些。

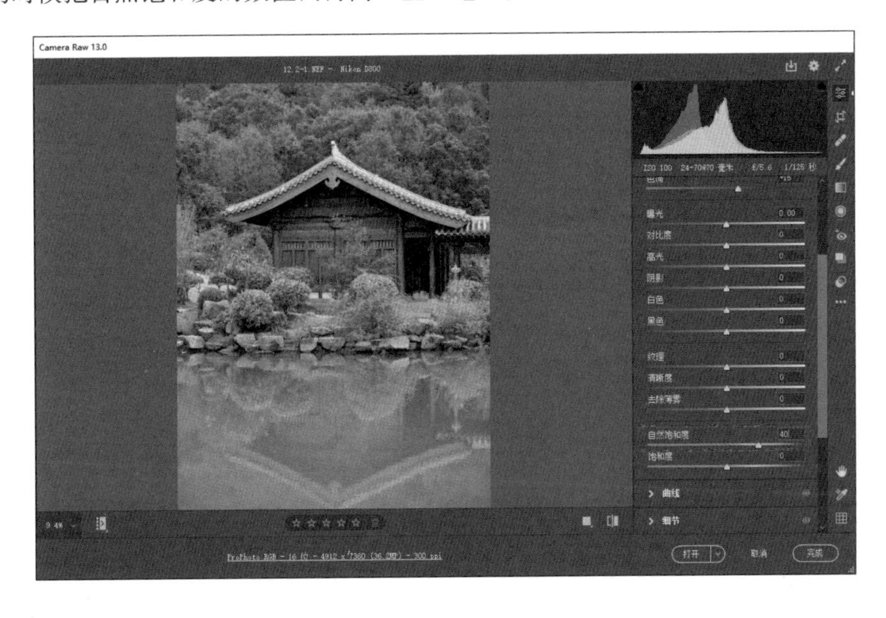

[步骤2]

接下来，我会习惯性地适当给照片的饱和度增加些“力度”，此时只需要提高“饱和度”到15即可。切记饱和度要慎用，而且用量要少一些。

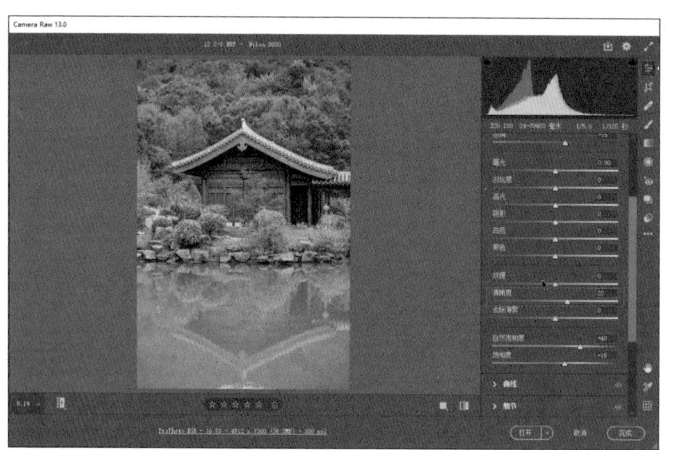

[步骤3]

调整好饱和度以后，不要忘记根据调整好的情况来酌情增加清晰度，此时我们把“清晰度”提高到20即可。

下面是修改前后的对比图，可以看到不仅饱和度有所提升，相应的清晰度也随之提高，照片的质感也随之提升。

最终效果

原图

降低饱和度的方法

虽然在后期调整的时候需要降低饱和度的情况并不常见，但是偶尔遇到颜色非常刺眼的情况，就有必要适当地降低饱和度了。调整的方法和增加饱和度的方法相类似，就是适当降低自然饱和度，酌情少量降低饱和度，最后适当增加清晰度即可。

［步骤1］

首先将“自然饱和度”降低到 -20，此时照片中的红色、橙色和黄色不再那么刺眼了。

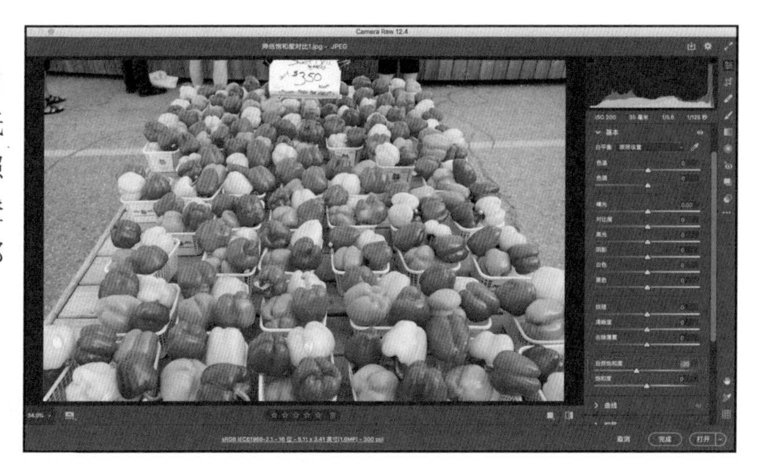

［步骤2］

接下来适当降低照片的饱和度，这里将“饱和度”调整到 -5 即可，调整过大会让照片偏灰。

[步骤3]

降低了饱和度后，为了让照片看着更精致些，把“清晰度”增加到 +15。

[步骤4]

下面是修改前后的对比图，可以看到修改后照片的颜色不再那么刺眼，但是也并没有因为颜色饱和度降低而让照片灰下来，这在一定程度上是清晰度的“功劳”。

修改后

修改前

增加光源色的方法

有时候照片不是颜色不对，而是缺少光源色的颜色氛围。此时需要凭空增加颜色来让照片看起来更加鲜活，使用 Camera Raw 中的渐变滤镜就可以实现。

看到右图所示的一张海景照片时，似乎无法感受到这是夕阳下的场景。此时我们要考虑两件事，首先把白平衡调得暖一些，然后需要利用渐变滤镜来主动增加光源色。

［步骤1］

单击白平衡预设，选择“自动”。此时发现照片有了一些暖意，但是这还远远没有达到预期效果，人为地增加光源色尤为必要。

［步骤2］

单击“渐变滤镜”，在调整面板中将“曝光”设置为 -0.5，最关键的是单击“颜色”，在弹出的“拾色器”对话框中设定一个光源颜色，此处设置的“色相”为 37，适当降低“饱和度”到 57。

［步骤3］

设置好渐变滤镜以后，在画面的最上方，单击鼠标左键并且向下拖曳，一直拖曳到海面边缘，如下页图所示，整个海面就被一层暖光笼罩了。

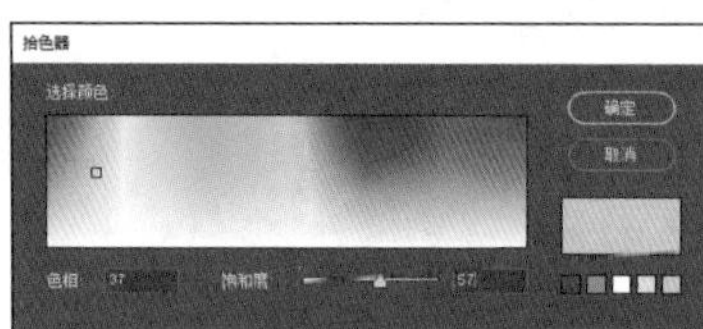

对比调修前后的照片，可以看到，我们凭空为照片增加了一个暖色，让照片整体颜色温暖了起来。

原图

最终效果

分离色调——另类定义高光与阴影色调的方法

这是一个“小众”的调整方法，可以定义场景中高光和阴影的色调，这样整体调整，可以调整出很多有意思的照片。这里用一个烛光的案例来做介绍。

［步骤1］

右图所示是一张白平衡“正确”的照片，各个部分的颜色都还原了，但是照片却没有活力了。因为蜡烛的光源不方便整体用一个渐变了事，为此我们就要采用分离色调的方法。

［步骤2］

打开分离色调面板，将高光中的“色相”和“饱和度”分别调整为40和40，将阴影中的“色相”和“饱和度”分别调整为30和40，通过分别控制阴影和高光部分的色调和饱和度完成了氛围光线的绘制。

在 Camera Raw 中最常用的局部调色方法

很多人在第一次接触 Camera Raw 的时候，对于混色器面板的调整有点“摸不着头脑”。其实多数情况下并不是要去调整“色相”“饱和度”“明亮度”选项卡中的每一个滑块，而是要配合目标调整工具，调整局部的色彩。下面通过一个典型的天空案例来说明。

［步骤1］

拿到照片后观察，发现清晰度、对比度、曝光和白平衡都没有问题，唯独蓝天似乎还不够蓝。如何操作能让照片在其他部分保持不变的情况下，让蓝天更蓝，让天空更通透呢？

［步骤2］

在混色器面板的“调整”下拉菜单中选择“HSL”选项，在下面的 3 个标签中选择“饱和度”标签，单击目标调整工具，在蓝天处轻轻向上拖曳鼠标，发现天空马上就变得更蓝了（如果向下拖曳鼠标表示降低饱和度）。

［步骤3］

接下来，选择“明亮度”标签，同样选择目标调整工具，在蓝天处向下拖曳鼠标，发现天空马上就变深了（如果向上拖曳鼠标表示提高亮度），这样降低颜色明度是为了让蓝天的厚重感更强。

以上就是非常标准的为蓝天增色的方法。多数情况下我们会将饱和度和明亮度配合使用，色相则较少使用。

调整前后蓝天的对比效果如下图所示。

原图

最终效果

11.3 在 Photoshop 中调色的方法

在 Photoshop 中调整图像，就不得不提功能强大的调整图层。不同功能的调整图层可解决不同问题，每个调整图层都可以配合蒙版帮助控制局部，这个附带的蒙版功能就是区别于 Camera Raw 的、最好用的局部调整功能。在众多的调整图层中，最常用到的是功能强大的曲线、色相 / 饱和度、照片滤镜（虽然很多人容易忽视它）和色彩平衡等工具。

快速制作暖调 / 冷调照片

照片滤镜是 Photoshop 中极容易操作的工具，也经常被人忽视。简单地增加一个照片滤镜就能够让整个照片的影调发生变化，并且是柔和的、不生硬的。

案例1：制作暖调照片

［步骤1］

如下图所示，在 Photoshop 中新建一个照片滤镜调整图层，在弹出的对话框中选择“Warming Filter (85)”，勾选“保留明度”复选框，此时发现照片很自然地变成了暖调风格。

［步骤2］

可以根据需要适当调整照片滤镜中的密度。为了让照片更温暖，我们将“密度”调整到80%。

案例2：制作冷调照片

［步骤1］

如右图所示，新建照片滤镜调整图层，在弹出的对话框中选择“Cooling Filter (80)”，勾选“保留明度”复选框，此时发现照片很自然地变成了冷调风格。

［步骤2］

可以根据需要适当调整照片滤镜中的浓度，此处我们将“密度”调整到31%，使照片变得更加清爽。

总结：在使用照片滤镜的时候，预设的下拉菜单非常丰富，我们可以任意选择需要的风格，并且调整适当的密度来完成效果。也可以单击颜色按钮，在弹出的“拾色器”对话框中定义颜色（多数情况下使用预设就足够了）。

快速修改照片色彩倾向，让照片焕然一新

色彩平衡工具是很好的调整照片色彩倾向的工具。这个工具把照片分为青色 / 红色、洋红 / 绿色、黄色 / 蓝色这 3 组对立的颜色，可以根据实际需要向不同的颜色区域靠拢，通过这样的方法来达到调整照片色彩倾向的目的。而且可以分别调整照片的阴影、中间调和高光部分。

［步骤1］

右图所示是一张晴天的风光照片，在秋天拍摄，但是秋意不够浓重，如何增加秋意呢？

首先想到调整色相 / 饱和度。在 Photoshop 中创建一个色相 / 饱和度调整图层，单击抓手工具，把鼠标指针移动到草地处，然后将“色相”调整到 -15，给照片增加了一些红色氛围。

［步骤2］

继续观察照片发现，效果并不十分理想，整体的氛围还不够，此时就要考虑到使用色彩平衡工具了。新建一个色彩平衡调整图层，将“色调”设置为中间调，将“青色 / 红色”滑块移动到 +15，此时照片色调整体向红色靠拢了。

［步骤3］

将“色调”设置为阴影，把“青色 / 红色”滑块移动到 +15、“洋红 / 绿色”滑块移动到 -15，这样就进一步增加了照片阴影部分的红色信息和洋红信息，让照片的秋意更浓。

最终效果

原图

局部修改照片色相、饱和度

说到调整饱和度，在 Photoshop 中有自然饱和度和色相 / 饱和度两个工具可用。前者和 Camera Raw 中的类似，不必赘述；而后者不仅集合了色相 / 饱和度 / 明亮度三者合一的调整，而且可以进行很好的局部控制。

［步骤1］

照片中的蓝色靠垫明显有些过于饱和，与周围环境不和谐。如果使用 Camera Raw 的目标调整工具降低该位置的饱和度，那么随之而来的是大面积天空的蓝色也会被牺牲掉，这是我们不想看到的。这里在 Photoshop 中新建一个色相 / 饱和度调整图层。

［步骤2］

单击抓手工具，把鼠标指针移动到人物靠垫处并单击，此时发现抓手工具图标旁边的下拉菜单由之前的“全图”变为“蓝色”。把“饱和度”滑块拖曳到-40，此时的靠垫颜色恢复正常，但是天空也跟着变得色彩暗淡了。

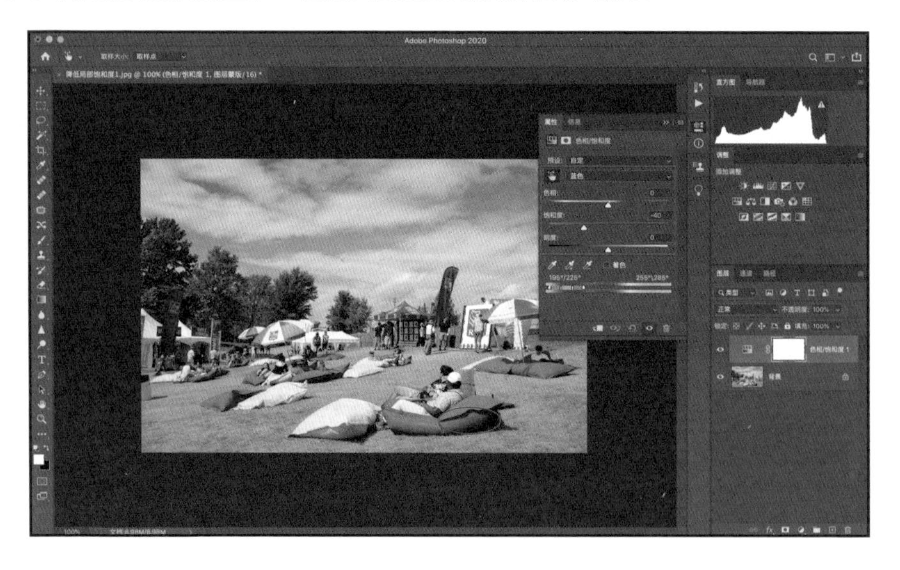

［步骤3］

选中色相/饱和度调整图层，单击图层面板下方的“蒙版”按钮来添加一个白色蒙版，面板中的属性不用做任何调整。选择套索工具，大致选出靠垫以外的部分，如下页上图所示。

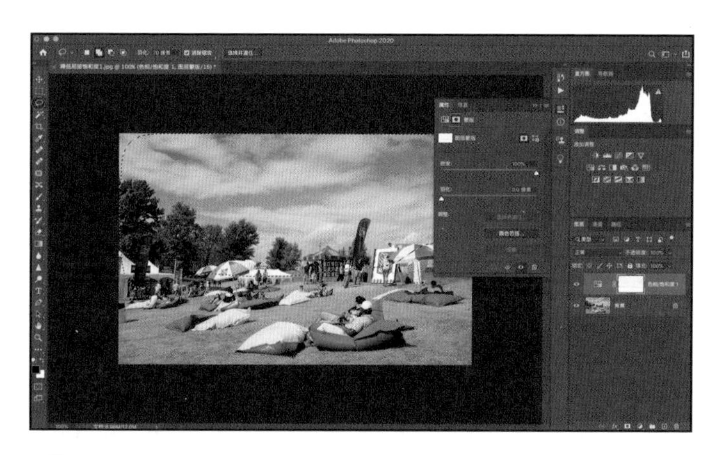

[步骤4]

将前景色设置为黑色，按 Alt+Delete 组合键，此时天空和条幅恢复了当初的蓝色，而靠垫依旧为调整后的低饱和度状态。这是因为当前选择的是蒙版区域，在选区内填充为黑色表示在当前选区内，刚才调整的色相 / 饱和度的变化被完全遮盖住。蒙版控制着色相 / 饱和度的调整是显示还是不显示，黑色蒙版表示显示效果，白色蒙版表示不显示效果。按 Ctrl+D 组合键取消选择，完成操作。调整前后对比图如下。

原图

最终效果

学会使用曲线全面、综合调整照片

利用曲线调整图层不仅可以把照片提亮、压暗和提高照片对比度，或者局部提亮、压暗，还可以分通道调整上述内容。多个通道的调整、组合，再配合蒙版的应用，让曲线成为 Photoshop 调整图层中的“王者”。

案例1：学会精确控制曲线调整对比度

［步骤1］

在 Photoshop 中打开一张照片，新建一个曲线调整图层。通常情况下，通过曲线调整图层提高明度的方法就是简单地向上拖曳曲线，降低明度的方法就是简单地向下拖曳曲线；而提高对比度的方法就是把曲线的上部向上拖曳、下部向下拖曳（使曲线呈现S形），即可让照片的亮部更亮、暗部更暗。

［步骤2］

但是这并不是重点，下面要介绍的是曲线中常用的局部控制法——通过精准控制颜色范围来调整明暗程度。选中曲线调整图层以后，在“曲线”对话框中选择抓手工具，在照片的天空处向上拖曳，此时天空变亮。

［步骤3］

接下来在照片左侧蓝天处向下拖曳，让蓝天变暗，增强天空的对比度。

［步骤4］

最后在草地处向下拖曳，让地面暗下来。

通过精准控制照片局部的明暗，我们就调整好了照片。通过对比发现，照片的对比度更高，也更加通透。

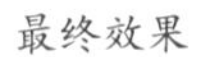

最终效果

原图

案例2：控制不同的通道来调整照片的色彩倾向

［步骤1］

右图所示的这张照片不够明亮，整体色调偏冷。首先在 Photoshop 中打开这张照片。

［步骤2］

新建一个曲线调整图层，适当抬高曲线，让照片整体变亮。

［步骤3］

在“曲线”对话框中，选择“蓝”通道，单击抓手工具，点击照片中的黄色墙面并向下拖曳，此时墙面整体变黄（变暖），降低了墙面部分的蓝色通道信息意味着增加了对应的补色——黄色的信息。这个调整类似于色彩平衡工具，与之不同的是曲线可以更精准地控制调整墙面的范围，而色彩平衡只能控制到阴影、高光、中间调这三大部分。

［步骤4］

选择曲线调整图层中的“红”通道，单击抓手工具，点击照片中的红色窗框并向上拖曳，此时窗框更红，照片的整体氛围也变得更加温暖。

简单的调整带来了色调的变化，曲线的魅力就是可以综合调整颜色、明暗程度，让照片通过这一个工具就能有很大的改观。下面就是调整前后的对比图。

原图

最终效果

如何调整色彩平淡无味的照片

有时候照片的色彩比较平淡，而只使用增加饱和度的方法达不到效果。此处就给大家介绍一个小诀窍，通过简单的几步调整马上让照片生动起来。

［步骤1］

选中背景图层，然后按 Ctrl+J 组合键复制背景图层（这是一个好习惯，任何调整、变化均不会破坏原始背景图层）。

［步骤2］

按 Shift+ Ctrl+ L 组合键（自动色调），会发现照片有了微妙的变化，对比度更明显，照片更透亮。

［步骤3］

新建曲线调整图层，并且把曲线调整图层的叠加模式更改为“正片叠底”，此时对比度变化更明显，效果更好。

［步骤4］

由于照片偏暗，选择“RGB”通道，将曲线向上拖曳，让照片恢复一些亮度。

［步骤5］

接下来选择“蓝”通道，再次适当地拉高蓝色，让照片中的天空和海水变蓝。再次对比最开始色彩平淡无味的照片和简单几步修改后的照片，是不是效果很明显呢？

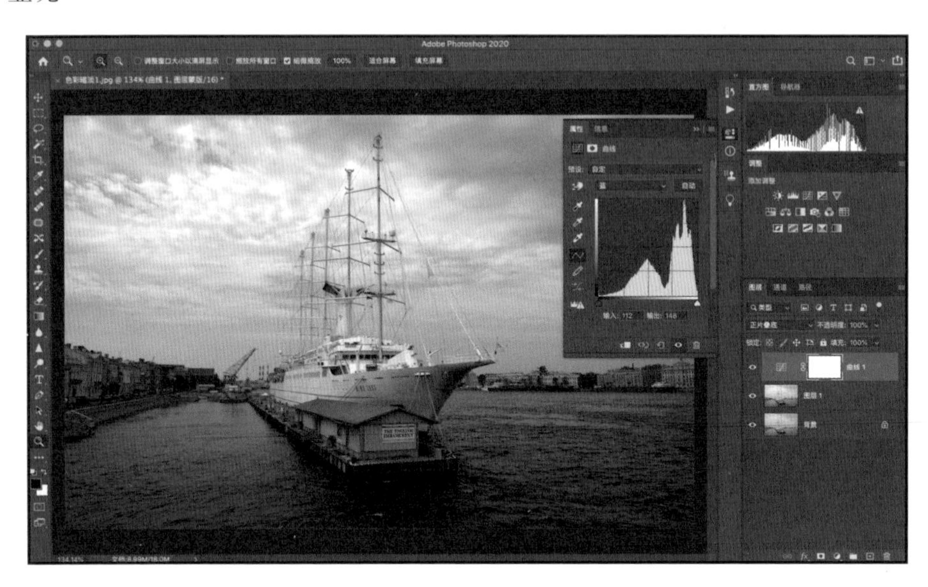

最终效果

原图